人类印记

[冰岛] 吉斯利·帕尔森 著

向帮友 译

THE HUMAN AGE

电子工业出版社

Publishing House of Electronics Industry

北京·BEIJING

CONTENTS
目　录

PART
—
PRELUDE

1

第一部分　序幕

PART
—
HUMAN
IMPACT

2

第二部分　人类的影响

第三部分　带来的后果

第四部分　希望尚存

序言

吉斯利·帕尔森教授是冰岛著名学者和人类学家，曾在奥斯陆大学任教，是冰岛大学人类学荣誉退休教授。帕尔森教授从事环境人类学、渔业社区、物种灭绝研究和北极文化方面的工作，撰写和编辑过多部著作，曾经荣获迈阿密大学罗森斯蒂尔海洋科学奖。他还是大不列颠及爱尔兰皇家人类学研究所和瑞典高等研究院的研究员。

在本书中，帕尔森教授探讨并揭示了人类活动对地球的影响，以及人类在应对当今地球生命面临的生存挑战中应承担的责任，尤其是气候变化、生物多样性丧失、海洋污染和频繁出现的极端天气事件。本书用翔实的数据和生动的案例向我们揭示了工业革命以来，人类社会如何逐渐成为改变地球自然景观的主导力量。书中不仅探讨了气候变化、物种灭绝等环境问题，还深刻剖析了这些问题背后的社会不平等、资源分配不均等因素，呼吁人们正视现状，采取行动。

面对日益严峻的环境挑战，《人类印记》不仅关乎过去和现在，更是一本面向未来的指南。它提醒我们，人类活动尽管给地球造成了巨大影响，但同时也赋予了我们改变现状的力量。通过推广可持续的生活方式、加强国际合作、投资绿色技术，我们可以为子孙后代创造一个更加健康、更加和谐的世界。

为应对这些日益严峻的挑战，我向大家隆重推荐《人类印记》一书，因为它为站在历史十字路口的人类提供了宝贵的思考材料。尽管我们对人类生存和地球生命制造了诸多挑战，但是我们也可以携手纠正错误，共同建设一个尊重环境、绿色增长、促进社会公平的可持续发展的未来。

易卜雷（Thorir Ibsen）

冰岛驻华大使

2025 年 1 月

引言：新的时代

  2011年夏天，《经济学人》(*The Economist*)封面刊登的一幅地球在太空中遨游的图片尤为引人注目。封面标题为"欢迎来到地质学的新纪元——人类世"（见右图）。图片显示，地球被金属板、螺栓和螺母包裹着，一些金属板遭到严重损坏，从裂缝中可以看到内部炙热的熔炉。很明显，这幅地球图片完全是人类刻意制作的，意在说明地球似乎在迅速变暖。这幅图片揭示了一个重大事实：最近几十年里，人类活动范围不断扩大，生活发生了翻天覆地的变化。这就不难理解为何很多人认为有必要将这个新时代命名为"人类世"了。有人设想，这会是一个"美好的人类世"，充满希望。也许全球变暖会带来新契机，包括使原来的寒冷地区变得更温暖，以及开辟一条经加拿大北极群岛贯穿北大西洋和太平洋的西北航道——这是欧洲人多个世纪以来梦寐以求的事。然而，也有人认为，新纪元可能会充满灾难、丑恶和凶险。

  也许《经济学人》这一具有煽动性的标题

2011年5月28日—6月3日《经济学人》封面

由于冰川融化，北极熊将俄罗斯弗兰
格尔岛作为夏季栖息地。气候恶化导
致北极熊离开主要食物来源地，大量
时间生活在陆地上而不是海冰上

暗含一种傲慢，要在邀请者和受邀者之间造成耸人听闻的分歧？谁才是想象中的受邀者呢？如果说这是一场"庆典"的话，那么它会是一场怎样的庆典呢？鉴于当前人类世环境危害规模之大，这一邀请似乎显得不明智，甚至令人反感。相较之下，人们可能会想到另外一个标题——"欢迎来到大灾难现场"。人们可以用好几种方式解读邀请人类来到人类世这一比喻手法。2011年，《经济学人》的大多数读者没听过"人类世"这个新词，需要查阅资料，才能明白其含义；而如今，无论在媒体上，还是在文学和视觉艺术品中，这个词几乎无所不在。2020年2月，用谷歌搜索"人类世"这个词，可以找到700多万条结果，而这一数字现在还在增长。

"人类世"的英文Anthropocene包含两个词根，"anthropo-"的意思是"人类"，"-cene"这一标准后缀表示地质学上的"世"。跟早期地质历史中的"世"留下的痕迹一样，"人类世"一词表达了"人类的影响被记录在地球上和我们体内，并以各种方式呈现"的意思。2019年，意大利的一场气候抗议活动所展示的地球，跟《经济学人》封面上的地球截然不同：如今，人类世对地球的影响糟糕透了，全世界都在大火中熊熊燃烧；从2011年到2019年，短短8年时间，人类世的形象和声誉就发生了剧变。全球变暖已演变为"全球变热"，这是人类自己铺就的一条通往灾难之路。

人类世的故事还有很多，要想把握我们的未来，把握人类及其他生物的命运，至关重要的是认清现实，严重关切并随时准备采取行动。

本书简要介绍了人类世的来历和意义，它是如何激发各种讨论和否认的，它为何存在瑕疵，又为何被认为十分有用，甚至对人类有效地应对当前环境危害至关重要。虽然"人类世"的概念最初是作为地球科学的一个专业术语被提出的，目的是对新的地质年代进行标识和分类，但它的含义却不再局限于此，它已经将自然历史和社会历史融为一体。人类不仅是一个影响因素，还成了地球的一部分。世间万物都跟地质和人类息息相关。

本书将视角从人类世这个概念转移到受损的地球上，探索了特定的人类世变化，尤其是极端天气、冰川融化、海洋枯竭和难降解的塑料垃圾，以及它们在特定情境下对人类日常生活的影响和挑战。本书并不能对人类世做出面面俱到的解读（因为这样的话，几十本书都写不完），而是向读者展示关键的案例和主题，从而阐明人类在现代世界中的位置以及地球所处的境地。其中，近在眼前的困扰是，地球即将面临第六次物种大灭绝。然而，人类并不是其中唯一的角色。因此，本书还讲述了一系列其他关键角色——动植物、微生物、山脉、海洋和湿地。从人类世的定义来看，我们也必须将视野从人类扩展到地球本身。

人类世的一个鲜明特征是物种灭绝以及生物多样性丧失，这对我们如今所谓的"地球健康"具有重大影响。新冠疫情在全球暴发，给

"糟糕的人类世"：意大利气候抗议（2019年）

公共卫生、国际旅游业和全球经济造成了沉重打击。它不单是一场"自然"灾害，还是人类活动带来的结果。显然，此类流行病是由于人类改造地球、地球上的生存环境和生命形态，从而导致病毒"脱离宿主"造成的。在本书开始写作之际，在大众媒体中，新冠疫情的流行与人类世的相关性还相对较弱，因为政府和公众忙于阻止病毒传播和可能暴发的其他类似疫情。然而，在短短几周内，交通运输业就陷入了停滞状态，这也为人类带来了有益提示：交通运输业形成的碳足迹规模如此之大。比如，减少出行令曾经拥挤的城市的空气污染水平迅速下降，旅游业的降温令曾经繁忙的水域变得更加清澈。

鉴于人类世的理念和现实体现出的急速发展，回顾人类与环境关系的历史、展望未来、寻求行动机会就显得至关重要。本书讲述了人类试图与人类世妥协，缓解或扭转具有破坏性的环境和社会影响。要做到这一点，就需要聚焦希望和付诸行动，尤其是各个层面都要团结一致。如果这一壮观、紧迫而又及时的行动最终失败，那么年轻的人类世的开端也标志着它的终结，同时也是人类历史的终结。

吉斯利·帕尔森，雷克雅未克

2020年5月

格陵兰岛伊卢利萨特附近
冰川融化, 2019 年夏天

第一部分

序　　幕

PART
PRELUDE

1

The
Human
Age

第一章

人类世面临的挑战

正当西方人鼓吹科技可以解决一切问题时，不祥的预兆开始接连出现。大约从20世纪中叶起，人们就开始激烈讨论地球的局限性。1979年，瑞士作家马克斯·弗里施在《全新世的人类》一书中曾说道，小说在当今一无是处，"因为在这样的时期，小说在看待人物以及人物之间的关系……社会等方面采用的是固定视角，认为地球永恒不变，海平面一直维持在同一高度"。弗里施是一位洞察力极强的文学艺术家，他似乎预见了未来，尽管他当时并没有给"这样的时期"命名。直到1988年，才有人提及新时代的到来。当时，环境史学家唐纳德·沃斯特出版了《地球末日》一书。沃斯特称，人类正"迎来一场重大仪式的高潮部分"。他在书中写道："人类忍不住想知道，我们是否正从一个时代通往另一个时代，从我们所谓的'现代史'通往某种不同的、完全不可预测的时代。"这里所说的"某种不同的、完全不可预测的时代"指的就是人类世。

美国亚利桑那州帕里亚峡谷朱红悬崖荒野区，展示了侏罗纪砂岩的形态

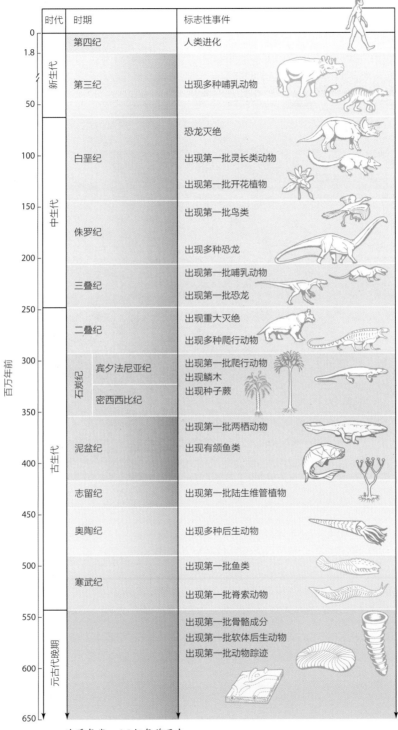

时代	时期		标志性事件
	第四纪		人类进化
新生代	第三纪		出现多种哺乳动物
中生代	白垩纪		恐龙灭绝 出现第一批灵长类动物 出现第一批开花植物
	侏罗纪		出现第一批鸟类 出现多种恐龙
	三叠纪		出现第一批哺乳动物 出现第一批恐龙
古生代	二叠纪		出现重大灭绝 出现多种爬行动物
	石炭纪	宾夕法尼亚纪	出现第一批爬行动物 出现鳞木
		密西西比纪	出现种子蕨
	泥盆纪		出现第一批两栖动物 出现有颌鱼类
	志留纪		出现第一批陆生维管植物
	奥陶纪		出现多种后生动物
	寒武纪		出现第一批鱼类 出现第一批脊索动物
元古代晚期			出现第一批骨骼成分 出现第一批软体后生动物 出现第一批动物踪迹

百万年前

0
1.8
50
100
150
200
250
300
350
400
450
500
550
600
650

地质年代，6.5亿年前至今

3

德国关闭最后一座煤矿——位于科隆市附近的加兹韦勒露天煤矿（2019年）

不过话说回来，人类担忧地球状况并不是什么新鲜事。早在1864年，乔治·珀金斯·马什就认为，地球正在"迅速变得不再适合人类居住"。然而，直到最近，很多人才开始意识到地球出现了严重问题。如今，人们在对人类世进行种种讨论后达成共识：人类面临的关键机会窗口正在不断缩小。如果我们不迅速采取行动，可能就来不及了。人类世是最近最具影响力的概念之一，它试图描述这一现实状况——人类已经成为塑造大自然的主导因素。

与人类世类似的概念最早出现于1873年，当时，安东尼奥·斯托帕尼提出"人类的时代"；而近期反复出现的类似概念包括安德鲁·雷维克因1992年提出的"人类时期"和迈克尔·萨姆维1999年提出的"同质世"。在法国博物学家布丰看来，关于人类可能在改变地球的根基这一观点的最早暗示，可能出现在"第7个时代，也就是最后一个时代"。布丰在1778年出版的《各个自然时代》一书（英文版直到2018年才问世）中写道："人类的力量已经助长了大自然的力量。"虽然"人类世"这一概念已被广为接受，但针对它的激烈讨论从未停止过。其中一种讨论关注人类世的起源，以及它是何时、如何开始起作用的。

更广为流传的版本认为人类世起源于20世纪中叶，当时出现了核武器和核能，其放射性会威胁生命，对地球造成永久性伤害。也有人认为，人类世起源于18世纪下半叶的工业革命，当时生产效率"迅速提升"，人类大量开采化石燃料，导致大气中二氧化碳等温室气体的含量急剧增长。毕竟，正是这些发展导致了人类世最令人不安的征兆出现。

还有人认为，人类世是第一个地质时代，在这个时代，起决定性作用的地质力量意识到了自身在地质中的作用。从这个观点来看，从人类意识到自身在塑造地球面貌中的角色开始影响到人类与环境的积极关系那一刻起，人类世就以完整的形象出现了。在这里，提起地质时代，可能会引起争议，也许用人类世来指称人类与环境关系的新时代会更恰当。"人类世"一词本身可以被视为这段新关系的一种标志。

"人类世"一词最早由荷兰化学家保罗·克鲁岑在2000年的一次科学大会上发明。在那次大会上，人们都在关注全新世（从11500年前上个冰川纪末开始的"全新"时代）。对此，

克鲁岑按捺不住了，于是脱口而出："够了！我们不再身处全新世了，我们已经进入人类世了。""人类世"这一灵光乍现的术语立刻成为大会的主题。当然，克鲁岑提出这个术语，意在说明地球上新近发生的巨变可能深刻影响地球上的一切生物，应当在地质时代得到特别认可。

克鲁岑那次突然打断会议之后，就有人考虑在地质分类系统中给"人类世"这一术语赋予正式地位。2008年，伦敦地质学会地层委员会指出，考虑将"人类世"这一术语正式化有自身的价值。最终，伦敦地质学会地层委员会将人类世加入寒武纪、侏罗纪、更新世和其他的类似地质年代划分单位中。考虑将人类世视为一个世代似乎合情合理。地球已经发生了翻天覆地的变化，而且这些变化还在继续，似乎已经不再符合全新世的条件和特征。结果，人类世成为人类和地球共同的历史新阶段。

然而，按照全球地质年代标准给人类世找到一个体面的位置的想法，一经提出，便在地质学家中引起了争议。争论的焦点在于：人类世在地层学上是否具有"合法性"，是否符合严格的专业规约，如何在地层（岩层）找到相关特征或"金钉子"，等等。评论家称，这些"金钉子"在地质记录中几乎看不见。

2018年7月，经过漫长而又曲折的议程讨论，国际地层委员会认为，全新世应划分为三个时期，分别为格陵兰期、诺斯格瑞比期和梅加拉亚期。国际地层委员会进一步声明，4200年前，梅加拉亚期出现了长达200年的干旱期，

人类世的足迹

人类印记 当人类世来临，我们要谈些什么

影响了农业文明，使人类世成为可能。我们不必深究这三个时期奇特的名称和特性的细节。对包括地质学家在内的很多人而言，国际地层委员会的声明表明，地球科学跟地层和社会层级毫无关联。虽然物理学甚至大众文化都对时间和空间进行了解构，并将其重新定义为相关类别，但是地球科学家更倾向于将地质时代看作镌刻于岩石中的概念，与近代早期对生物的分类颇为相似，如卡尔·冯·林奈《自然系统》中宏大的分类系统。

没错，人类世脱离了地球科学的话语体系。因为跟全新世不同，人类世是未来指向型的，重点关注尚未在地层中扎稳脚跟的"金钉子"（也许不用考虑塑料、鸡骨头和放射物）。然而，我们历史的鲜明特征是不可否认的真实写照，尤其是大灭绝。跟个人姓名类似，时代划分及为时代和时间类型命名的惯例能否取得成功并延续下去，取决于最有发言权的群体。可以这么说，有些标签只是一时起的绰号，很快就显得无足轻重；而另一些标签，得到了某个群体的许可，时效性更为"持久"。可以明显发现，人类世这一概念及其伴随的标签已经受到了公众的欢迎，尽管一些地球科学家和社会理论家一直对它持怀疑态度，有时甚至持敌对态度。越来越多的人将其视为强大的话语手段，使公众留意人类面临的最大挑战，以及人类在迎接这些挑战时肩负的责任。

LES ÉPOQUES
DE
LA NATURE,

PAR MONSIEUR
LE COMTE DE BUFFON,

Intendant du Jardin & du Cabinet du Roi, de l'Académie Françoise, de celle des Sciences, &c.

TOME PREMIER.

A PARIS,
DE L'IMPRIMERIE ROYALE.

M. DCC. LXXX.

布丰《各个自然时代》（1778 年）一书的封面

"深时"概念的提出

长期以来，西方学者普遍认为，地球呈圆盘状，且只有区区几千年的历史。一些古希腊哲学家（包括埃拉托色尼），当然还有一些非西方社会的理论家和各个年代的宇宙论的确提出了球体的观念，甚至还测算了地球的周长。但是，出于种种原因，这些观念都没有在西方话语体系中站稳脚跟。现存最早的将地球视为球体的描述可以追溯到1492年。将地球视为球体这一观点自然会让人感到好奇：地球的内部构造和历史究竟是怎样的？有时，人们将地球内部比作人体的动脉和内脏，处于疯狂的运动状态。1981年，美国作家约翰·迈克菲发明了"深时"（deep time）这个词。"深时"这一概念的提出，标志着人类对生命、物质世界和二者长期演化的共同历史的认识出现了重大转折。同时，它也促进了人类大规模探索地球构造和开采资源，通往如今的人类世。

最终，人们得以仔细描绘地下世界，一窥

已知最早的地球仪（马丁·倍海姆，1492年）

地球深层，以及它们可能揭开的历史。第一张地质图绘制于1815年，如今保存在英国剑桥大学的一家博物馆内。这张"改变世界的地图"

世界上第一张地质图（威廉·史密斯，1815年），现存于剑桥大学

第二章　"深时"概念的提出

玛丽·安宁

　　安宁出身贫寒。父亲理查德是一名木匠，家庭主要收入来源是向旅客和博物学家售卖化石。搜集化石既是个受大众欢迎的消遣项目，也是一门科学。很多科学家与玛丽·安宁通信，甚至登门拜访。安宁发现的神秘动物对于科学认识地球和动物界的历史产生了巨大影响。法裔美籍生物学家路易斯·阿格西经常向安宁寻求建议，甚至以她的名字命名了一些"新"化石，如安宁氏无尖齿鱼（一种已经灭绝的软骨鱼）。但是，造访者中极少有人会在自己的作品中提到安宁。安宁说："世界对我不公，这些博学鸿儒榨干了我的大脑。"安宁义愤填膺的评论，使人们注意到地球观察者的重要性，这些观察者必然处于不同的时代、历史和社会阶层中。

来自英国西多塞特郡莱姆里杰斯镇的玛丽·安宁
（约1812年）

（历史学家西蒙·温切斯特在2001年出版的同名图书中的描述语）不像人们预期的那样壮观（在这张地质图中，地下世界看起来只不过是装饰性的罢了）。绘制地质图的人名叫威廉·史密斯，来自伦敦，是一位自学成才的地质学家。史密斯独立详尽地标注出英国地下的煤炭、矿石和其他资源，为地质学与生命科学的迅速发展和采矿业奠定了基础，化石燃料得以大量开采。

　　1793年，德国解剖学家约翰·克里斯蒂安·罗森姆勒在德国南部巴伐利亚州的岩洞里发现了大型骨化石。罗森姆勒推测，这些是古代一种灭绝的熊的骨化石，这种熊有别于当时的其他动物。此类发现重新引起了人们对史前时代和动物灭绝的疑问。19世纪初，来自英国西多塞特郡莱姆里杰斯镇的玛丽·安宁发现了另外一组化石，引起了人们类似的疑问。古海底各种奇形怪状的化石被推出侏罗纪海岸的海平面，暴露在像安宁这样充满好奇心的博物学家面前。安宁常常手握石锤，在悬崖峭壁间寻找化石。经考证，安宁发现的化石有两亿年历

玛丽·安宁在1812年发现的重要化石——鱼龙

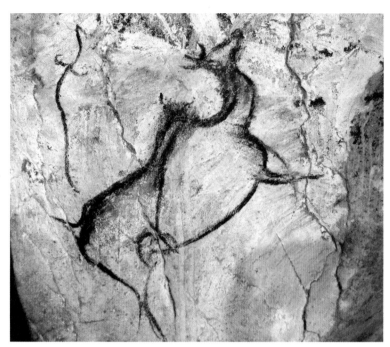

法国肖维–蓬达尔克洞穴中描绘火山喷发的壁画

史，其中包括海洋爬行动物鱼龙的遗骸。罗森姆勒和安宁的发现证实了生物的历史的确很漫长。

苏格兰博学者、科学家兼农民詹姆斯·赫顿同样让人们对地球的历史产生了浓厚兴趣。赫顿撰写的《地球理论》一书有时被人们视为第一部现代地质学专著。在《地球理论》一书中，赫顿娴熟地利用地质观测结果，称地球永恒存在，从而确立了地质学和宇宙学上的时间概念——"深时"。赫顿认为，地质构造的关键力量是侵蚀和沉积作用。他声称，这些过程极为缓慢，这一神圣的设计是为了让地球永久适宜人类居住。这一想法虽然具有人类学寓意，

预示了现代的担忧（指出了上帝在人类学中扮演的角色），但未能描述突然发生的大灾难。赫顿毕竟是农民出身，在观察土地时，他采用的是以季节和世纪为单位的缓慢视角。然而，1755年，也就是赫顿撰写专著前不久，葡萄牙首都里斯本发生了一场大地震，人们得以用更适合人类世的时间尺度来关注偶然出现的猛烈地质现象。

赫顿想必知道，地震和火山喷发是重要的地质营力。长期以来，人们认为，火山口是了解生命和地球历史的潜在入口。在1665年出版的《地下世界》一书中，德国耶稣会教士和博学者阿塔纳修斯·基歇尔描述了进入火山口后

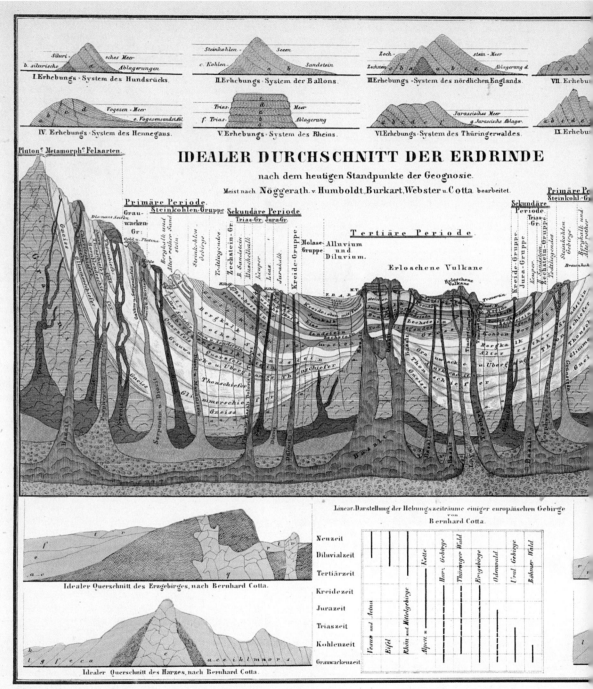

亚历山大·冯·洪堡的《尘土的理想平均值》，选自《宇宙》(1851年)

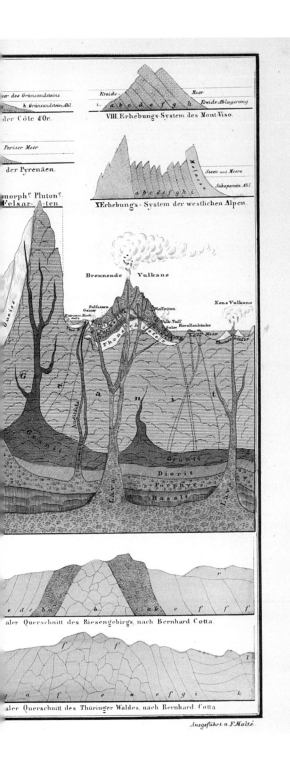

会碰到的恶毒生物。大约100年之后，地球科学先驱亚历山人·冯·洪堡称，地球上所有的火山活动都是由"同一个火山熔炉"引发的。1000年以来，火山喷发的原因一直是个令人着迷的话题，尤其是在地质活动频发的地区。在法国的肖维–蓬达尔克洞穴中发现的36000年前的壁画就证明了这一点。这些壁画由智人在征服欧洲期间创作，可能是已知最古老的描绘火山喷发的壁画，它们描绘了火山和火山周围的事物，可能还有神秘的地下世界。据了解，在穴居人创作这些壁画的同时，附近的一座火山的确喷发过。

最近启动的ArchaeoGLOBE考古项目汇集了世界各地的考古发现。得益于该项目的发现，我们如今得知，人类世典型特征出现的时间要比安宁、赫顿、洪堡以及他们同时代人想象的更为久远。几万年前，人类用火改造土地，将其他物种几乎赶尽杀绝，从而留下了这些典型特征。"深时"这一概念帮助我们从地球的生命世界这一视角看待问题，了解地球从前的变暖和变冷情况，合理地解释了我们将通往何方，揭示了我们如今正在经历的全球变暖的严重性。人类自身已对"深时"有了一定的了解，这给我们带来了沉甸甸的责任。

第三章

早期征兆与警告

在人类历史长河中，气候变化并不是近期才出现的现象。例如，在中世纪，世界上部分地区出现了漫长的暖期和冷期，并伴随着饥荒、疾病和战争。当然，这些转变会引起人类注意并被载入史册，部分原因是它们影响了日常生活和未来发展前景，包括食物的选择。有时候，官方在记载一两代人之间发生的剧烈气候变化时，用的是"千年一遇"或"末日来临"这样的字眼，预示或揭露了与必然到来的末日相关的灾难性发展。例如，文艺复兴时期的学者就曾推测森林砍伐、灌溉和沼泽地枯竭会对当地气候以及更广泛的生态前景产生影响。然而，据他们对史前时期的了解，基本假设可能就是，除了偶尔周期性的变化和季节性波动，气候总体上是恒定不变的，人类活动不会对气候造成重大影响。

关于气候变化及其潜在环境影响的科学警告出现的时间可能比大多数人认为的都要早。气候变化领域最初的发现可追溯到19世纪初，

气候变化不一定是由人为改变环境导致的，也不一定被当作一件坏事。一些努力从旧石器时代寻找证据的先驱发现了冰川时代，当时地球气温长期处于下降状态；而另外一些先驱则发现了温室效应，也就是太阳发射的光能、地球表面和大气相互作用导致的全球变暖。虽然人们认为，包括火山喷发或日光照射波动在内的几个影响因素导致了气候变化，但是随着时间的推移，温室气体排放将成为导致气候变化的

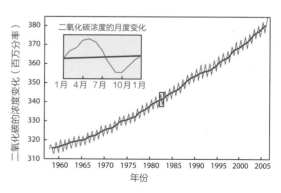

基林曲线，上图所示部分展示了1960—2005年美国夏威夷州莫纳罗亚山大气中二氧化碳的浓度

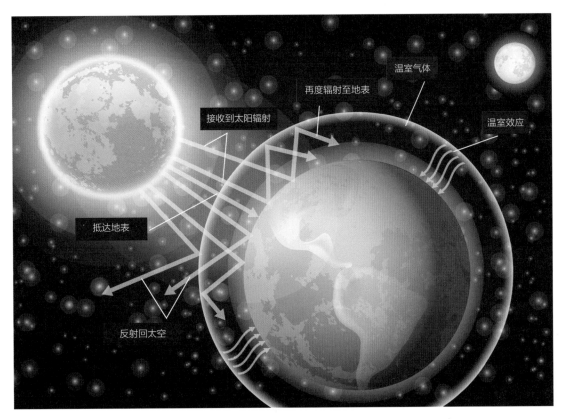

日光照射在地球表面产生温室气体形成的温室效应

主要原因。研究气候变化的学者得出的结论和所做的预测是建立在以下证据基础之上的：简单计算，建模，研究树轮、冰芯和历史记录。1896年，瑞典物理学家斯万特·阿伦尼乌斯经过计算得出结论：大气中主要温室气体二氧化碳水平的下降会使气温降低，进而导致冰川时代；相反，二氧化碳水平翻番则会使气温上升5~6摄氏度。一些学者认为，二氧化碳水平上升不一定会导致全球变暖，因为海洋可能会吸收温室气体。1938年，英国工程师盖·斯图

尔特·卡伦达尔找到证据证明，在过去几十年里，二氧化碳水平和气温一直在上升。然而，卡伦达尔的发现并未受到科学界的重视。1960年，也就是阿伦尼乌斯进行计算后大约半个世纪，美国化学家查里斯·大卫·基林证明，大气中二氧化碳水平正在上升，而且全球确实在变暖。基林从1958年开始测量夏威夷州莫纳罗亚山大气中二氧化碳的浓度，根据测量结果得出的结论使人们越发担忧人类活动的有害影响，尤其是煤矿开采和碳排放。

探索格陵兰岛冰芯中的气候变化迹象

19世纪90年代，美国天文学家安德鲁·埃利科特·道格拉斯提出，树轮可能会揭示气候时间信息。例如，在干旱年份，树轮会变窄。树轮的价值曾引发争论，但最终在20世纪60年代得以确立。在那之后，冰芯成为了解气候历史的另外一种方式，并且更加富有成效。20世纪80年代，国际考察队在格陵兰岛和南极洲的冰川上钻孔，成功展示了气候是如何随时间变化的——有时候在相对较短的、可能不到人一生的时间内就会发生剧变。在很多科学家看来，1993年发布的一项针对格陵兰岛冰芯的分析报告标志着"发现"气候急剧变化的引人注目的时刻的到来。

随着一系列历史观测值的出现，规律开始显现。同时，计算技术也在进步，可用于研究更长的间隔期，并对气候的未来面貌进行建模。1981年，美国气象学家詹姆斯·爱德华·汉森和同事向世人展示，人类活动已影响了全球气候，并预测在不久的将来会出现令人吃惊的结果：

20世纪80年代很可能出现全球变暖。21世纪，人类活动对气候的潜在影响包括，随着气候带的转移，北美和中亚地区会出现干旱区；南极洲西部的冰盖会遭到侵蚀，导致全球海平面上升；传说中的西北航道将会打通。

科学家结合建模和实际观测证实，是温室气体导致了全球变暖。7年后，汉森在美国国会听证会上的发言敲响了警钟。科学界似乎终于达成了广泛共识。

尽管研究取得了令人瞩目的进展，但是公众对人类世气候变化的认识并不是一个从忽视到理解线性发展的过程。由于人们对科学缺乏信任、既得利益者愚昧无知，或者某种形式的文化政治反对浪潮出现，先前得出的环境事实有时候会在后来遭到挑战。自21世纪初开始，有关人类活动会对气候造成危害的警告要么被忽视，要么被系统性压制，从而导致严重后果。

有时候，由于掌握的信息有限，或者持有的宇宙论相对保守，专家会得出错误结论。事后想来，最严重的科学错误不是夸大大气中二氧化碳水平上升带来的问题，而是与之相反。几十年来，科学家在预测时都比较低调，认为气候变化的过程缓慢、遥远，之前提到的最糟糕的情况是在夸大其词。1990年，联合国政府间气候变化专门委员会汇总成千上万名科学家的意见后指出，气候变化是个缓慢的过程，南北极的冰盖处于稳定状态。经济学家曾预测，气候变化造成的经济后果微乎其微。如今我们知道，事情发展的速度远超我们的预期，我们一直严重低估了应对气候变化需要付出的代价。2018年，联合国的一项报告指出，未来80年，全球平均气温将上升1.5摄氏度；而2023年的另一项联合国报告显示，全球平均气温将上升3摄氏度，给经济和生态带来灾难性后果。

如今，地球被视为一个单一的、无所不包的生态系统，包含人类及其一切活动，这就是所谓的"盖亚假说"。在古希腊神话中，盖亚是大地女神，是从天堂到人类一切事物的源头。Gaia这个词源于希腊词根 gē（地球），跟现代"地球科学"（geoscience）一词的构词法类似。

20世纪60年代，当英国化学家詹姆斯·洛夫洛克和美国生物学家琳·马古利斯首次提出盖亚假说时，有人将其视为伪科学，认为它是新时代浪漫思想的产物。洛夫洛克在1979年出版的《盖亚假说：看待地球生命的新视角》一书中敦促人们将地球视为一种生物体。如今，这一观点已经产生了巨大影响。虽然盖亚假说最初受到质疑，可如今看来，该假说似乎已经完全得到证明，预示着人类世的到来。人们意识到了包括自身在内的生物体对地球产生的深刻影响。有机生命是"深时"的一部分，会延伸到地球构造的内部。

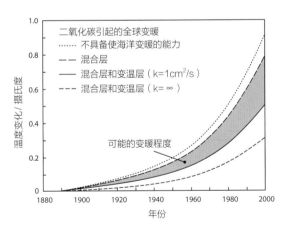

詹姆斯·爱德华·汉森和同事在1981年发表于《科学》杂志上的一篇文章中的关键曲线图，证实了人类造成了全球变暖

火与漫长的人类世

1954年，美国人类学家罗伦·艾斯利称，最初用来开垦荒地、开发新领地、保暖、驱赶敌人和鬼神的火是"为智人取得至高无上的地位开辟道路的魔法"，人类本身就是一种火焰。

随着人类世的深入发展，火会造成大规模的森林毁坏，改变当地环境。随着能源需求日益增长，人类开始挖掘岩石，从地质深层寻找新的能源来源。事实证明，煤、石油、天然气等化

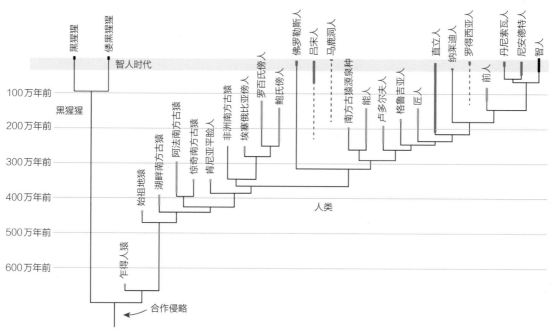

人类进化示意图，尼克·朗里奇《对话》(2019 年 11 月 21 日)

纳米比亚库内内区的一处辛巴族住宅,《纽约时报》(2019 年 8 月 29 日)

石燃料对工业革命中燃烧技术的发展至关重要。火推动人类世的车轮滚滚向前,直至今日。

跟历史学家有时候用"漫长的18世纪"来描述超过常规的100年时限的特定社会变革一样(很多英国历史学家认为,"漫长的18世纪"是指1688年光荣革命到1814年滑铁卢战争这段时间),我们可能会认为用"漫长的人类世"来描述全球人类变革十分有用。过去几十年甚至几百年以来,我们不仅明显造成了全球变暖和环境破坏,而且过去几千年来,人类活动还普遍改变了地球表面及其生物质。30万年前,地球上存在好几种人类,包括与智人通婚的尼安

德特人,他们用火的习惯也许造成了早期人类世影响。35万年前至26万年前,智人在南部非洲逐渐扩张,可能导致了尼安德特人在4万年前灭绝。现在,地球上只剩下我们智人了。

如今,我们可以明确得知,人类占领地球的时间比我们之前想象的要早得多——也许比通常认为的要早上1000年。由于人类学家过去一直倾向于聚焦局部和地区,人类世的全貌一直笼罩着神秘的面纱。2018年,一些人类学家聚集起来,创建了ArchaeoGLOBE项目,该项目利用大约250位专家的研究结果,创建出更广泛、更具包容性的史前土地使用比较模型。

该模型显示，早在3000年前，地球面貌就已经"在很大程度上被狩猎采集者、农民和牧民改变了"。大约从公元前1000年开始，集约农业就已成为中美洲玛雅文明和中国周朝的社会根基。要占领新土地、发展农业，通常意味着要焚烧和改造土地，创建新的生存方法。

早期用火彻底改变了地貌和生态系统，导致了森林毁灭，还可能人为导致了第一次物种灭绝，尤其是巨型动物的灭绝。毫无疑问，有时候失控的野火四处肆虐，扬尘飘到很远的地方，在冰川上留下痕迹。当今充满好奇心的学者得以从中窥探历史。

火继续在人类与环境之间扮演重要角色。就像环境史学家斯蒂芬·J.派因所说的那样："如今，火苗下降的速度与燃料增加的速度一样快。火苗在烧穿'深时'。"这是一项足以证明人类影响和人类世规模大小的有力证据。派因提醒人们，火不是一种物质，而是一种反应，是伴随着土、水、空气这三种古老元素出现的古怪事物。虽然在大自然中，野火通常由闪电引起，极为罕见，分布不均匀，但是在人类的影响下，火的势力逐渐加强，它创造出了一个新时代，包括气候在内的自然历史都成为火的历史的一部分。"火的时代正在形成。"如今，火灾反复在亚马孙雨林、美国加利福尼亚州、澳大利亚等地肆虐，不仅使成千上万的人无家可归，还导致了全球变暖这一严重后果。

一些人认为，既然人类世可以"漫长"，那么用"资本世""派因世"（派因提到的火的时代）或者"种植园世"取代"人类世"这一说法也不无根据。他们通常认为，决定因素不是智人等人类，而是由部分人类制定的具体制度和实践——北半球征服其他地区和富人阶级征服其他阶级的人，导致这些地区和阶级的人陷入悲惨境地，并使得整个地球的资源枯竭。这些制度和实践——而不是无所不包的"我们"这一集体——可能是主要原因，它们使地球走上了当前的大毁灭之路，推动了工业革命，孕育了碳排放行业，导致拥挤不堪、浓烟滚滚的地球上产生了大量二氧化碳。

很多重大的人类世变革始于15世纪的欧洲殖民活动。发现新大陆、国家扩张、种植园经济和残酷的奴隶制都为工业革命奠定了基础。这样就产生了新的不同程度的不平等现象（例如，奴隶和奴隶主、工人和资本及机器所有者之间的不平等），同时还使生态破坏不断加剧。过度开采资源和彻底改变当地生态环境，导致了后来所谓的"生态帝国主义"。殖民必然导致各个部落、国家和文化之间的对抗。这种对抗延续至今，并且以各种形式呈现。

"种植园世"这一概念也许最能威胁到"人类世"的地位，它关注的是人类生命、奴役、全球货物与人口流动、土地使用、人与环境的关系方面的结构性变革。然而，基于同样的道理，推动这些变革的只是部分种植园社会群体，即欧洲统治者、商人、奴隶主、航运公司所有者、医生和牧师，而不是没有人身自由的奴隶。

巴西帕拉州阿尔塔米拉的森林火灾（2019年8月）

第四章　火与漫长的人类世

澳大利亚新南威尔士州丛
林大火（2019年11月）

沙溪大屠杀

　　殖民者与原住民之间的紧张局势持续了多年。1864年11月29日，美国士兵对科罗拉多州夏安族及阿拉帕霍族实施的沙溪大屠杀，是殖民期间最为丑恶的袭击事件之一。在这次事件中，美国陆军上校、循道公会教徒约翰·奇文顿率领科罗拉多州第三骑兵军团的700名士兵，屠杀了133名原住民，包括105名妇女和儿童。早在1851年，原住民和美国政府就已经签订条约，但是淘金热和其他因素诱使美国撕毁条约，导致原住民失去了大部分土地。尽管1861年双方已经签订了新条约，但还是没能阻止这次大屠杀发生。当时，美国铁路里程已达29000英里（约46671千米），迫切需要土地和煤以发展铁路运输业。

美国科罗拉多州沙溪大屠杀（1864年11月29日）

巴西韦柳港附近维拉新星塞缪尔地区森林大火后的场景（2019年夏天）

种植园奴隶，巴巴多斯甘蔗生产（约1890年）

人类印记 当人类世来临，我们要谈些什么

第五章

濒临灭绝物种的悲惨命运

殖民主义和近代科学的发展，以及人类开采矿物和化石燃料等自然资源，推动了"漫长的人类世"的形成。同时，"漫长的人类世"也预示着一些物种会面临威胁。然而，人类用了好长时间才发现人类活动对物种造成的影响。

大约在斯万特·阿伦尼乌斯和同事研究温室效应的同时，包括阿尔弗雷德·牛顿在内的英国动物学家则忙于记录不断加快的物种灭绝。牛顿的宠物计划研究的是大海雀（海雀科）——一种不会飞的鸟，是欧洲新大陆航海开通后出现的濒危物种。19世纪中叶，大海雀已经成为一种标志性物种，提醒人们过度开采可能导致的损失。大海雀可能是已知因受人类活动影响而灭绝的第一个动物物种。大海雀的遭遇在学术界和公众当中引发了广泛讨论。在人们对物种灭绝的早期推测中，大海雀的案例起到了重要作用。如今，物种灭绝已经成为一个紧迫问题，甚至大规模物种灭绝也有可能出现。

冰岛埃尔德岛，有时也被称为"米尔萨克岛"。右方的"地底"是已知最后一块大海雀繁殖地

《大海雀》，约翰·杰拉德·柯尔曼斯绘制（约1900年）

大海雀在北大西洋的分布图。黄色区域代表大海雀地理分布图，而带蓝点的地点为杰西卡·E.托马斯和同事在2019年的一项研究中抽样的地点

题为《抓捕大海雀》的插图（1853年）

约翰·沃利，英国博物学家，《大海雀之书》的作者

大海雀是一种温和的社会性动物。在初夏，一小群大海雀会与其他鸟类一起，在岛礁上繁殖后代。大海雀夫妇会产下一枚卵，并在几周之内轮流孵卵。雏鸟在5天大的时候，就会下海。岛礁不是随机选择的，要能为繁殖幼鸟提供安全环境，使其免受其他食肉动物的侵袭——尼安德特人和其他早期人类会猎杀大海雀，把它们当作食物、装饰品和宗教仪式的祭品。

16世纪初，欧洲人在加拿大纽芬兰发现了大量大海雀。在接下来的100年左右的时间里，这些大海雀遭到法国和葡萄牙航海者的捕杀。大量大海雀被驱赶到一处，遭到棍棒击杀。航海者将腌制的大海雀肉装满纵帆船，然后驾船

离去，这些肉足够全体船员在返回欧洲的途中大快朵颐。换句话说，大海雀同时推动了欧洲开拓新大陆和开启人类世，支撑了殖民统治，而殖民统治反过来却使大海雀走上了濒临灭绝之路。随后，当欧洲收藏家忙于争夺稀有鸟类、鸟皮和鸟蛋时，冰岛和欧洲其他地方为数不多的大海雀开始灭绝。

1858年夏天，蛋类收藏家约翰·沃利和他的朋友、动物学家阿尔弗雷德·牛顿赴冰岛考察，并在考察结束之后完成了《大海雀之书》，大海雀的末日才为后世所熟知。《大海雀之书》（五卷本，包含约900页手稿）如今收藏于牛津大学图书馆，是有待开发的原始资料，为人们

提供了罕见视角，使人们可以窥见在日益增长的国际压力下猎杀大海雀的最后一批航海者的看法。当沃利和牛顿离开维多利亚女王统治下的英国，前往冰岛寻找大海雀时，他们的一位朋友还在一部名为《大海雀》的剧本中嘲笑他们，认为他们的行为是一场"真正不合时宜的考察"。

沃利和牛顿希望看见大海雀，他们当时并不知道大海雀已经灭绝。他们计划前往已知的最后一块大海雀繁殖地——位于冰岛雷克雅内斯半岛南部的埃尔德岛，研究大海雀的习性，还希望能买到鸟类标本。然而，当地的天气状况不适合乘敞篷皮划艇登岛。为了弥补缺乏直接证据的缺憾，他们采访了当地曾参与最后一次探险的渔民。

在最后一次探险中，领班韦尔加尔莫·哈克纳森派自己的三位船员爬上了大海雀繁殖地——埃尔德岛上所谓的"地底"。一位名叫科迪尔·科迪尔森的人给沃利讲述了一个戏剧性的故事，其中一部分被记录在《大海雀之书》中：

科迪尔、西于聚尔·埃塞尔弗森和约恩·布兰德松到达了"地底"，科迪尔和西于聚尔一起

约翰·詹姆斯·奥杜邦《美国鸟类》（1827年）中的大海雀

人类印记 当人类世来临，我们要谈些什么

追逐其中一只大海雀。但是，当他们快要抓到这只大海雀时，科迪尔摔倒了，撞到了头，于是他停了下来。西于聚尔继续追赶，抓住了那只大海雀。尽管科迪尔在追逐过程中受了伤，但他还是走到了大海雀刚开始逃走的位置，他看见那里有一枚蛋，拿起一看才知道，蛋已经破碎。于是，科迪尔又把蛋放了回去。

哈克纳森以9英镑（大致相当于今天的540英镑）的价格将抓到的两只大海雀卖给了一位丹麦商人。这个发生在最后一次探险中的故事广为流传。1863年，查尔斯·金斯莱出版了儿

最后一次探险中的领班韦尔加尔莫·哈克纳森

一本书中的大海雀蛋插图（20世纪早期）

童冒险小说《水孩子》，里面讲到了濒临灭绝的大海雀。《水孩子》出版后，好评如潮，直到因为文中暗含种族偏见才被迫下架，这也是人类世和种植园奴隶制的另一产物。

尽管像牛顿和沃利这样热心的鸟类观察者为动物保护运动铺平了道路，避免了一些物种灭绝，但是他们并不是超然于世外的看客，也不是不受市场和消灭包括大海雀在内的稀有物种的狩猎探险队影响的旁观者。相反，他们与欧洲商人、冰岛农民等一样，是直接参与者，给欧洲和美国博物馆提供了大量的鸟类标本。

有趣的是，杰西卡·E. 托马斯（班戈大学和哥本哈根大学）和同事发布的一项遗传学研究表明，大海雀并没有因为环境变化而受到威胁。他们对遍布北大西洋的41只大海雀骨骼和组织样本的线粒体基因组进行排序，重建群体结构和群体动态，最后得出结论：大海雀的遗传多样性水平很高。直到16世纪初人类抵达纽芬兰，这一局面才被打破。"仅仅是人类狩猎就足以导致大海雀灭绝。"这是出现在人类世的物种灭绝。

大海雀的命运使北方许多地区的公众意识到"人类世"的一些有害影响和保护环境的必要性。如今，人类对地球生命的影响迅速升级，推动着人类世的发展。大海雀的案例以及其他"标志性"灭绝事件，使人们面临新的紧迫问题——关于生物多样性的意义和物种灭绝。荷马在几千年前就曾称，鸟能够用"长着翅膀的话语"传达各种各样的信息。如今，鸟类正在迅速灭绝，针对目前的人类世，它们会对人类说些什么呢？

查尔斯·金斯莱1863年出版的儿童冒险小说《水孩子》插图

第二部分

人类的影响

PART

HUMAN
IMPACT

2

The
Human
Age

第六章

灭绝和孤种的诞生

英国动物学家和鸟类学家阿尔弗雷德·牛顿

"进化论之父"查尔斯·达尔文

　　"物种"这一概念实际上直到17世纪才出现，英国人约翰·雷在1680年前后发明了这个词。大约半个世纪之后，卡尔·冯·林奈在《自然系统》一书中提出了生物分类系统。最初，大多数人认为，物种诞生后会永久存在，已经存在的物种不会消失，新物种也不会出现。林奈只对现存物种和18世纪斯堪的纳维亚半岛的乡村田园生活感兴趣，似乎认为史前史不重要或者干脆不存在。林奈大胆宣称："我们一直坚信物种不会从地球上消失。"人们认为，无法用肉眼看见的动物物种要么已经消失了，要么就是隐藏起来了。在法国大革命那段动荡岁月中，法国动物学家乔治·居维叶的确提出过"一些物种已经永远消失了"的观点，而在这之前大约一个世纪，布丰伯爵就已经提供了先前物种灭绝的详细证据。但是，他们的观点引发了争议。

英国生物学家查尔斯·达尔文和阿尔弗雷德·华莱士在布丰和居维叶观点的基础上继续拓展，证明了生命的历史比人们此前认为的要久远得多，而且生命在自然选择的作用下不断变化。每个物种都是从预先存在的物种那里"进化"而来的。尽管对物种灭绝的认识曾促使达尔文思考生物变异和自然选择，但他在自己的鸿篇巨制《物种起源》（1859年）一书中，却极少提"灭绝"这个词。在达尔文看来，灭绝是不可避免、理所当然的。随着生命的不断延伸，不同生命形态的竞争必然会使某些生命形

阿尔弗雷德·牛顿工作过的剑桥大学麦格达伦学院

《卡塞尔的自然历史》（1896年）一书中的渡渡鸟

态灭绝。地球和生物的历史在"深时"交汇。在人类还未出现的遥远过去，物种就在进化或消失了。换句话说，达尔文和与他同时代的大多数人对当前的物种灭绝并不感兴趣。

在推动"灭绝"这一现代概念成为研究和政策主题方面，英国鸟类学家、剑桥大学麦格达伦学院首位动物学教授阿尔弗雷德·牛顿起到了重要作用，为动物保护铺平了道路。跟维多利亚时代很多鸟类研究者一样，牛顿对渡渡鸟的历史十分着迷。这种鸟已于17世纪在印度洋毛里求斯灭绝，因为欧洲航海者大肆捕杀渡渡鸟，毁坏了它们的栖息地。"渡渡"来源于葡萄牙语，意思是"愚蠢"，用这个词来描述捕猎者比描述渡渡鸟更为贴切。然而，牛顿大半辈子的研究重点却是大海雀。他热衷于从大海雀的悲惨命运中总结教训。就像上一章节中所讨论的那样，牛顿对大海雀灭绝的担忧引发了公众对物种保护的支持。人们意识到，人类活动

人类印记 当人类世来临，我们要谈些什么

对自然栖息地已造成破坏性影响，消除或扭转这种影响迫在眉睫。尽管人类跟大海雀一样，都是自然世界的一部分，但是人类不能保持沉默、无动于衷。19世纪60年代，牛顿开始为鸟类保护寻求支持，包括呼吁设置"禁猎期"（在鸟类繁殖季节暂停捕猎）。更重要的是，他在建立鸟类保护协会和推动英国颁布第一部非狩猎动物国家法——1869年的《海鸟保护法案》方面发挥了重要作用。

早期，各国对待鸟类保护的态度不尽相同。例如，在德国，鸟类保护主要是看鸟是否对农业有利，对农业有害的鸟类不受保护——即使这些鸟类灭绝，也很少有人会怀念它们。而那些能有效控制害虫的鸟类则会受到尊重和保护。在英国，人们会向稀有和好看的鸟类提供最佳保护，而不注重它们的实际作用。在那种情况下，引领鸟类保护运动的是鸟类学家和博物学家，而不是农民。

关于物种灭绝，牛顿的关键创新之处在于，他明确区分了达尔文关注的缓慢而"自然"的灭绝和19世纪中期大海雀等物种遭受的由人类造成的"非自然"灭绝。因此，牛顿抛开达尔文的宿命论（自然有自身的发展轨迹），强调必须尽可能直接采取行动延缓和防止物种灭绝。因此，牛顿开创了发展环境专业技术和拯救濒临灭绝的稀有物种这片新天地。在牛顿看来，生物和自然科学将来会起到重要作用，远超外行和政治家的想象。他坚信，人类造成的灭绝是非自然的，是可以避免的。

尽管牛顿是一位标本收藏家，用维多利亚时代的方式记录这些标本，但是他的目光更为长远，他开拓了新的重要天地。具有讽刺意味的是，这位将物种灭绝提上现代日程的人物，在鸟类爱好者这个圈子之外却鲜为人知。他的做法饱受争议，部分原因是挑战了当时关于超然性和中立性的主流观点。然而，随着牛顿本人帮助倡导的新型物种保护法律框架的建立，他的观点开始引起共鸣、受到尊重。如今，牛顿的一些关注点已经在"生物多样性"等概念的形成过程中得到体现。大约在同一时期，美国环保主义者乔治·珀金斯·马什提出了关于物种灭绝和物种保护必要性的相似观点。马什在《人与自然》一书中警告人们要抵御人类活动的破坏性影响。

马什和牛顿这一代收藏家和博物学家并不是无辜的参与者。他们通常未经允许便私下收藏珍稀鸟类和鸟蛋，有时甚至是在已经事先得知这些鸟类濒临灭绝的情况下。自然而然地，当人们得知某一物种正变得十分珍稀后，该物种标本的市场价格便会不受控制地大幅上涨。通常一个物种越罕见，就越容易灭绝。这些"最后的标本"通常价格十分高昂。颇具讽刺意味的是，捕猎物种最初本是为了在博物馆展柜里展出，最后却因为价格过于高昂而无法向公众展示。无价之宝最终变得毫无用武之地。

值得注意的是，随着人们对濒临灭绝物种人格化的呼声越来越高，新术语诞生了。20世纪90年代，美国医生罗伯特·韦伯斯特向《自

《男孩自己的年鉴》（1896年）中的英国鸟蛋

人类印记 当人类世来临，我们要谈些什么

平塔岛上的最后一只雄象龟"孤独的乔治"

夏威夷的最后一只金顶夏威夷树蜗（2019年）

最后一只树蜗

独一无二的最后生物体的死亡，标志着该物种的灭绝。人们对这类物种的关注延续至今，并随着公众对大灭绝认识的提高逐渐升级。2019年1月，《纽约时报》宣布夏威夷最后一只金顶夏威夷树蜗死亡。照看者叫它"乔治"，是以厄瓜多尔加拉帕戈斯群岛的平塔岛上2012年去世的最后一只雄象龟"孤独的乔治"的名字命名的。

然》杂志发函，提出了"孤种"这一概念，意思是某个世系的最后一个人、动物或其他个体。这一概念的提出，受到了那些濒临死亡、认为自己是家族最后一位成员的病人的启发。"孤种"这一术语似乎为人们所接受，比"终结者""终拱""终线""残遗种"等概念更具生命力。正如环境史学家多莉·约根森向人们展示的那样，"孤种"似乎已经融入了大众文化，成为展览、哲学作品、音乐作品的焦点。频频出现的神奇现象是，报道中的"孤种"比同类存活时间更长，这一现象也在大众文化中引起了注意。

第七章

工业革命的到来

早期的农业和商业为人类的机器实验提供了便利，这些机器由人力或畜力、木材、风能或水能带动。列奥纳多·达·芬奇和阿塔纳修斯·基歇尔设计出了未来派机械。在1650年于罗马出版的两卷本《音乐全书》中，基歇尔绘制了由流水供能、带有气缸和自动装置的水力管风琴。真正的工业化对稳定供能的需求达到了新高度。种植园奴隶制，尤其是化石燃料的燃烧，推动了工业生产和大宗运输，重构了人与环境的关系，加速了人类世的到来。

1800年以来，人类开始大规模使用煤、石油、天然气等不可再生资源，以带动机器、发电、制作工艺品、发展科学和艺术。这是工业革命的精髓所在。工业革命很快就改变了世界的面貌，先是工业革命的中心英国，接着包括韩国、加拿大和巴西在内的不断壮大的工业国开始开凿运河、修建铁路。蒸汽机车和蒸汽船自带能源补给，极大地扩展了生产、运输和商业网络，但同时也造成了环境破坏和社会不平等。

工业城镇扰乱了农业，将贫困潦倒的工人阶级聚集在不断扩大的"工厂"中。1835年，亚历西斯·德·托克维尔是这样描述英国曼彻斯特的：

三四十家工厂在山顶拔地而起……穷人破乱的房屋杂乱地散布在工厂四周，房屋周围的土地无人耕种，毫无田园气息……你可以听到熔炉发出的噪声、蒸汽机车发出的汽笛声。巨大的工厂挡住了房屋的通风和采光，将房屋笼罩在经久不散的烟雾之中。一边是奴隶，一边是奴隶主；富人占少数，穷人占绝大多数。

无论小说还是社科历史文献，都记载了工业革命初期人们艰苦的生活条件。前者以查尔斯·狄更斯的小说为代表，后者则包括弗里德里希·恩格斯在1845年出版的《英国工人阶级状况》中对曼彻斯特附近索尔福德的经典描

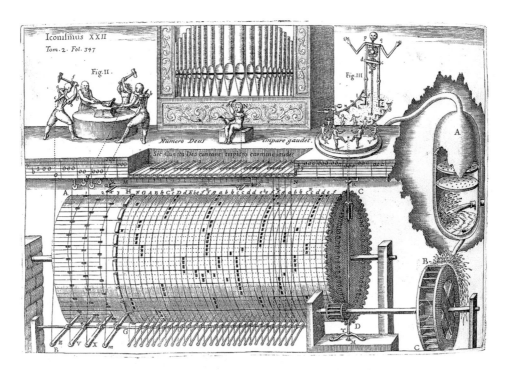

阿塔纳修斯·基歇尔在罗马出版的《音乐全书》（1650年）中的水力管风琴草图

18世纪英国纺织厂内的蒸汽机

英国特伦特河畔斯托克的烟囱冒着滚滚浓烟（1938年）

述。狄更斯12岁时，父亲破产，他被迫去造瓶厂打工，尝尽了工业社会的残酷、欺诈和不公正。在长篇小说《大卫·科波菲尔》中，狄更斯这样描述涂黑瓶子这个折磨人的过程：

我知道……工厂招来了一些男人和男童，让他们对着光线检验瓶子，退回那些有瑕疵的瓶子，并漂洗它们。涂完空瓶后，还要把装满的瓶子贴上标签，塞上瓶塞，或者将瓶塞密封起来，抑或将制作好的瓶子放进木桶里。

工业革命对地球造成了重大影响。机械化农业和集中灌溉导致大气中二氧化碳及其他温室气体浓度上升、沉积物大量流失、化学污染加剧、供水系统改变、物种灭绝。圈地和土地私有化为大规模农业开辟了新天地，却使得对很多物种（尤其是鸟类）有益的树篱被拆除。随着帝国的不断扩张，西方势力范围几乎延伸到世界每个角落，它们对包括采集狩猎者和牧民在内的原住民领地进行殖民统治。当然，北极地区除外，因为西方探险家直到20世纪才可轻松进入该地区。如今，北极地区越来越被视为全球变暖的"金丝雀"，能提示海冰融化和甲烷释放的危险。甲烷是一种温室气体，在永冻层中被封存了上千年。在工业革命和现代科学发展期间，人们以为地球是无生命的。生命和地球成为两个分离的世界，地球成为一种资源，为建立在地球之上的人类世界提供了平台。科学家努力远距离观察地球（这一点在文艺复兴时期更为明显，当时，艺术家的远景图描绘了人类和自然世界之间不断扩大的鸿沟，他们甚至认为这一状况将永远持续下去），用比喻手法争相确立人类观察者的公正性。公正性和超然性成为科学口号。土地和海洋蕴含无限资源与能源供人类开发。人类世界和自然资源的分离状况一直持续到20世纪晚期，这在环境模型中得到了形象体现。例如，1988年，"地球

系统"自然科学图表，也就是所谓的"布雷瑟顿图"，将"人类活动"（人文科学）的范围缩小至地球机械系统中的一个微小的、不明确的方框中。最新版"地球系统"虽然变得更为精细，给人类活动腾出了更多空间，但通常未能抓住人类世的深层内涵和精髓。用现实的、容易理解的方式建模人类-环境系统变得越来越不切实际，人类世的圆环变得越来越扭曲、复杂。

以世界经济论坛执行主席克劳斯·施瓦布为代表的人声称，人类历史上出现过四次工业革命，每次都伴随着特定的创新和能量来源：（1）第一次工业革命由煤和蒸汽能推动，是为

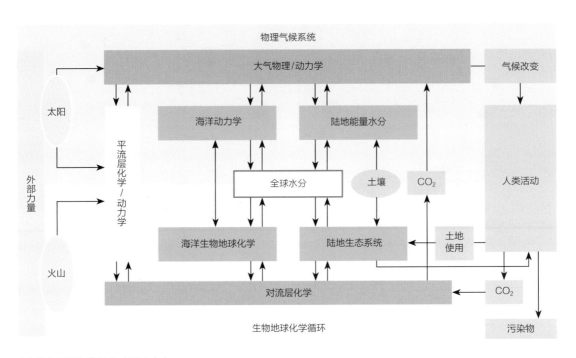

"布雷瑟顿图"简化版（1988年）

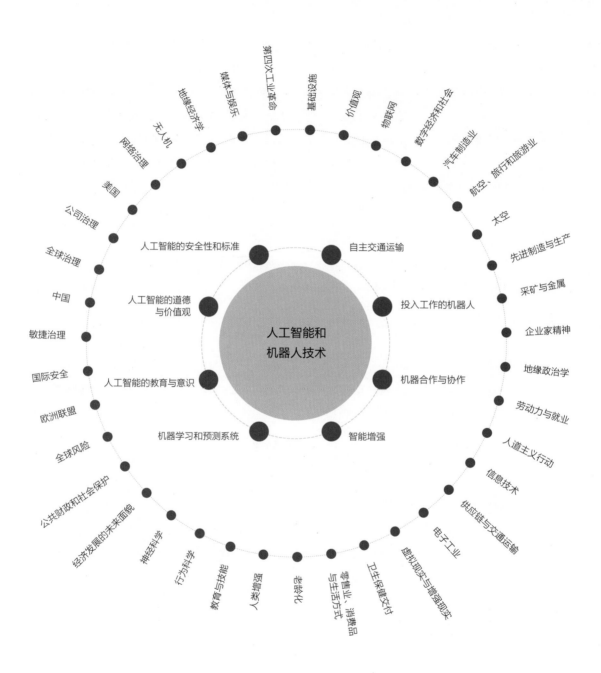

第四次工业革命中的人类世圆环

未来大城市人口密度会达到2000人/平方千米

了实现机械化生产；（2）第二次工业革命中，电能的运用使大规模生产成为可能；（3）第三次工业革命高度依赖电子工业和信息技术实现自动化生产；（4）数字革命正在开发机器人技术和人工智能。每次革命都在不断扩大人类世的影响，使先前认为不变的边界——思想、生物和技术的边界——变得模糊。

　　未来，大多数人可能会生活在规模远超我们想象的大城市中。跟之前大多数城市不同的是，建造未来城市必须提前精心规划，不能在发展的过程中临时扩张和设计。这些城市能够为遭到破坏的、空间有限的地球上的环境难民和不断增长的人口提供家园和庇护所。城市建造者必须利用工业革命的创新——现代建筑、电子科技、传感器、算法和数字计算机，同时必须推动自行车交通、绿色生活、可持续园艺的发展，摒弃化石燃料和严重碳足迹。但这样一来，人类打造未来生活方式所依赖的，正是那些当初给人类带来破坏的工业革命。

未来的拉各斯：城市设计适应海平面上升

第八章

核能时代

20世纪下半叶，人类对地球和生命本身施加的影响前所未有。人类世的理念呼之欲出，尽管当时还没有正式名称，但总体上是在进步，而不是在衰退。生物学领域取得巨大进展，生物学家开始探索细胞领域和遗传本质。罗莎琳·富兰克林拍摄出了DNA照片（1952年），詹姆斯·沃森和弗朗西斯·克里克发现了DNA的双螺旋结构（1953年）。2000年，人类第一个基因组草图绘制完成。其他一些探索将我们的视野延伸到了太空和无穷边界。在此期间发生的重大事件包括斯普特尼克1号人造卫星发射（1957年）、航天员尤里·加加林进入地球轨道（1961年）、人类登月（1969年）和建立国际空间站（1998年）。

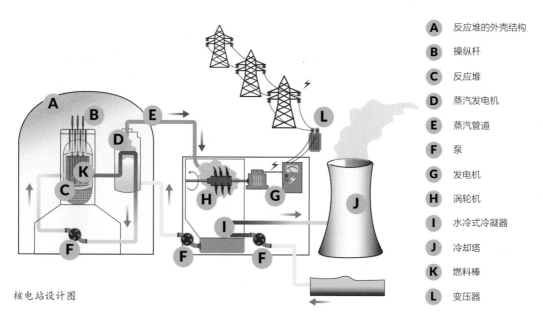

A	反应堆的外壳结构
B	操纵杆
C	反应堆
D	蒸汽发电机
E	蒸汽管道
F	泵
G	发电机
H	涡轮机
I	水冷式冷凝器
J	冷却塔
K	燃料棒
L	变压器

核电站设计图

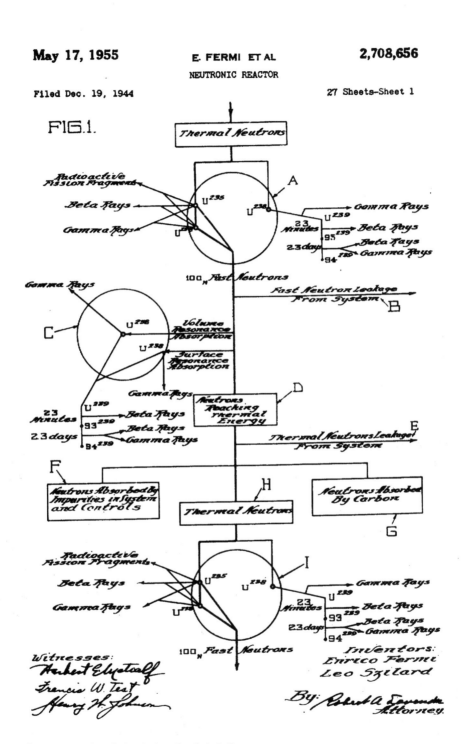

第一个核反应堆设计图，由恩里科·费米绘制

所有这些发展都严重依赖物理学和数字技术。然而，人类世重大的影响来自核能的出现，人类自此可以以前所未有的规模利用大自然的能量。核能要么用于维护和平，解决不断扩张的工业人口的能源需求，要么用于失控的军备竞赛。它可能毁灭地球，威胁地球上的所有生命。很多地球科学家认为，人类世的时代始于核能。恩里科·费米在芝加哥大学游泳池建造了世界上首个用于产生链式反应的核反应堆。1942年12月2日，费米在链式反应中实现了首次受控的核裂变。两年半之后，即1945年7月16日，世界上第一颗原子弹爆炸。后来，人们根据洛斯阿拉莫斯国家实验室（美国多功能实验室）主任朱利叶斯·罗伯特·奥本海默提出的试验代号，将这次核试验称为"三位一

原子弹

"三位一体"核试验结束后三周，美国就在日本广岛引爆了一颗原子弹，三天后，又在长崎引爆了另外一颗原子弹。这两颗原子弹的威力惊人，导致129000至226000人丧生，其中大多数是平民。爆炸引起的剧烈震荡和热浪导致一些人立即死亡，而另外一些人因为受伤和接触辐射很久之后才死亡。原子弹爆炸形成的蘑菇云，标志着核能时代令人极其惊恐的威胁的到来。对核废料、核辐射和潜在灾难的担忧引发了全球反核运动，从某种程度上为当前出现人类世灾难性担忧埋下了伏笔。

核废料

人类印记 当人类世来临，我们要谈些什么

美国新墨西哥州沙漠"三位一体"核试验（1945 年 7 月 16 日）

乌克兰切尔诺贝利核电站
事故清理现场（1986年）

美国家庭电影频道（HBO）迷你剧《切尔诺贝利》的剧照（2019年）

体"。就在爆炸的同一天，奥本海默说道："我们早就知道世界会变得不一样。"他可能更加担忧帝国的地缘政治，而不是如今所谓的人类世影响。

核能时代最大的灾难要数1986年4月26日乌克兰切尔诺贝利核电站事故和2011年3月11日日本福岛核电站泄漏事故。切尔诺贝利核电站第四号反应堆爆炸后，大约60万名清理者受到影响，500万人被迫搬离受污染地区。尽管日本福岛核电站泄漏事故是由地震和海啸引发的，但它和切尔诺贝利核电站事故都不能被称为"自然灾难"，因为二者都是由人类行动、设计瑕疵和人为失误造成的。

白俄罗斯诺贝尔文学奖得主斯韦特兰娜·阿列克谢耶维奇所著的《切尔诺贝利的回忆：核灾难口述史》（俄文原版于1997年出版）为人类了解切尔诺贝利核电站事故提供了一个

重要信息来源。核灾难发生时，阿列克谢耶维奇正在离切尔诺贝利核电站约400千米的明斯克当记者。她在采访了数百名事故现场亲历者后，写下了这部凸显核灾难给人类带来的悲惨境遇的作品。2019年，根据同名著作改编的电视剧《切尔诺贝利》开播并备受推崇，使切尔诺贝利重新进入大众视野。虽然一些评论家将这部电视剧称为"灾难色情片"，但它的确将事故的灾难性后果真实地呈现在了新一代人面前。

另一部记述切尔诺贝利的作品则鲜为人知，那就是美国人类学家阿德里亚娜·佩特里娜的《暴露下的生活：切尔诺贝利核事故后的生物公民》。佩特里娜的分析让人们注意到，人类未能从造成切尔诺贝利核灾难的错误中吸取教训，反而试图压制或消灭证据。虽然切尔诺贝利核电站事故应当被视为改进核电站安全措施的最后"实验室"，但时隔25年之后，在日

人类印记 当人类世来临，我们要谈些什么

本福岛，"不太可能发生的事件"再度发生了。

据估计，切尔诺贝利核电站事故释放的放射性物质总量要比日本广岛和长崎原子弹爆炸释放的高出大约400倍。佩特里娜的记载揭露了灾难发生时和发生后未能探明真相的可悲事实。她探讨了"什么是真相"这一话题，并得出了关于证据本质的一般结论，强调我们需要注意"生物复合材料的衰退规律，即决定它们如何被丢弃在岩层中，并最终被抛弃在地质深时中的规则"，指出化石"不是单纯的样本"。深时的人工制品不是处于静止状态的，而是受外界影响的。这一观点对于确立最近和史前的人类世对地球的影响似乎很中肯。

无论广岛、长崎核爆炸及第二次世界大战后的一系列核试验，还是切尔诺贝利和福岛核电站事故，军事和核能影响的历史使人们意识到核能时代的风险，以及这些风险给渴望能源、受军备竞赛和不安定因素困扰的世界造成的持久威胁。另外一种至今仍然流行的观点认为，核能一旦得到安全利用，就能提供更清洁的能源。

考虑到核能时代的成败，有人开始设想，人类未来是否要寄希望于外太空？虽然对于彻底适应了陆地生活的人类而言，太空会带来特定的问题，但是这些问题至少部分能够被核能和其他技术创新消除。英国物理学家斯蒂芬·霍金认为，由于环境问题，人类可能被迫逃离地球。那些认为人类有可能在外太空定居的人强调，对人类而言，太空跟地球一样"自然"。过去几十年里，人类在探索太空方面取得了飞速发展，而且发展势头很可能会持续下去。然而，定居外太空代价高昂，只有极少数人能负担得起，它永远不可能适合所有人。回想起殖民统治造成的社会不平等，莫罕达斯·甘地认为，人类占领外太空这一话题颇具讽刺意味。当被问到印度在独立后是否会走英国"发展"的老路时，甘地回答道："英国用光了地球上一半的资源才有了今天的繁荣局面，像印度这样的国家，得用光多少个地球的资源才能达到同样的繁荣局面？"同样，全人类需要多少个地球才能收拾完人类世这个烂摊子？

艺术家设想的、从未被造出的、由裂变反应堆供能的宇宙飞船

日益干涸的湿地

湿地也称为沼泽地，约占地球陆地面积的6%，遍布除南极洲外的各大洲、气候带和生物群系。世界上有两处湿地——亚马孙河流域和西西伯利亚平原——面积超过100万平方千米，还有7处湿地面积在100～400000平方千米。尽管湿地无处不在、规模巨大，但它们往往不在社会话题讨论范围之内。也许正因如此，人类才在短短一个世纪的时间里，使全球湿地面

英格兰沼泽地带

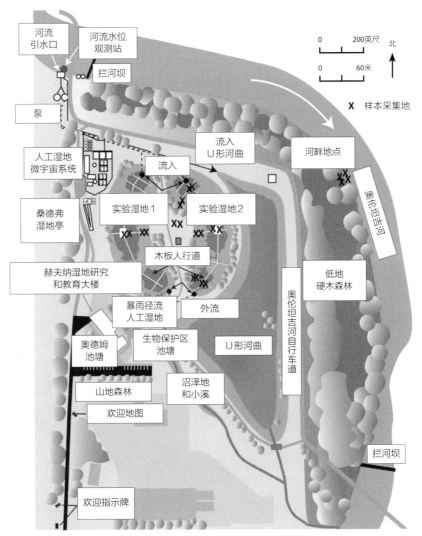

实验沼泽地图表显示温室气体排放量减少

积缩小了一半，如果从工业革命刚开始算起，则是缩小了将近90%。这一状况最初并没有引发人类的担忧和讨论。然而，20世纪末，人们开始注意到，湿地在处理废物和控制温室气体方面具有重大生态价值。

在文学艺术家但丁、弥尔顿和易卜生看来，湿地如地狱一般，疾病、恶行不断。但丁称，地狱最里面的四个圈被湿地包围，愤怒者被罚至此处，被折磨至死。格拉汉姆·史威夫特1983年的小说《水之乡》以剑桥附近的英格兰沼泽为背景，为我们提供了但丁所描述的地狱场景的现代版本。同时，它还呈现了一系列神

"卡特里娜"飓风使美国新奥尔良洪水泛滥（2005年）

人类印记 当人类世来临，我们要谈些什么

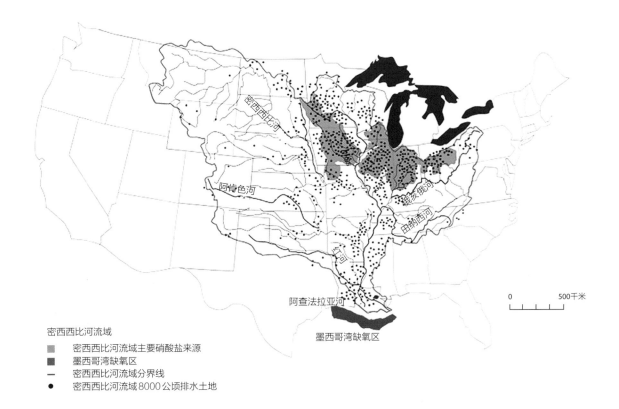

密西西比河流域

■ 密西西比河流域主要硝酸盐来源
■ 墨西哥湾缺氧区
— 密西西比河流域分界线
● 密西西比河流域8000公顷排水土地

美国密西西比—俄亥俄—密苏里河流域，显示陆地排水区域

秘的山水风景："现实单调无比，千篇一律，这里是宽广无边的真空区。在沼泽地，忧郁症和自杀并不罕见。"

然而，也有人将湿地视为圣地，是生命和复兴的象征。哲学家兼环保主义者亨利·戴维·梭罗就是这一观点的拥护者。梭罗强调，我们对自然的看法通常是我们内心的反应："梦想找到一片远离我们的荒原是徒劳的，世上根本不存在这样的地方。唤起这个梦想的，是我们大脑和内脏中的沼泽，是大自然的原始活力。"

人类对湿地重要性的认可体现在一项国际公约中，即1971年在伊朗拉姆萨尔签订的《关于特别是作为水禽栖息地的国际重要湿地公约》（简称《拉姆萨尔公约》）。《拉姆萨尔公约》为采取行动和国际合作、促成保护和明智地利用湿地提供了保障。全球有100多个国家签署了该公约。《拉姆萨尔公约》的一项重要内容是制作了湿地清单，确定了全世界2300多处重要湿地。据国际研究估计，这些湿地的自然资本和湿地每年提供的生态系统服务价值高达

日益干涸的湿地

12790万亿美元，相当于全世界总价值的三分之一。抛开可疑的估值不论，人们通常将湿地比作"生物超市"，因为湿地的生物多样性极为丰富。还经常有人声称湿地是"生物机器"，甚至是"环境之肾"，主要是指湿地能提供生态服务，净化人类和其他生物产生的废物。如今，人们普遍认识到，抽干湿地会破坏环境，同时还会加剧洪涝灾害，带来灾难性后果。因此，2005年，"卡特里娜"飓风过后，美国新奥尔良发生洪灾，部分原因就是排水工程。生态学家预测，这类灾难有可能再度发生。人们在谈论湿地时，任何时候都必须避免使生态系统的定义过于狭窄，同时要考虑其动态特征，以及人类活动、社会和湿地所处环境之间的相互依存关系。

启蒙运动时期，人类对湿地的影响更加彻底。挖掘机、拖拉机和地面平整机等机械设备导致湿地大规模干涸。因此，技术手段使管理湿地和要求湿地满足经济需求成为可能。这一时期，人们认为沼泽只会起反作用、令人厌烦。

18世纪和19世纪，人们认为沼泽和湿地阻碍了社会进步。这一认知在一系列宏伟工程计划中达到极点。其中一个就是20世纪上半叶在冰岛南部实施的一项重大灌溉工程。1914年，冰岛当局资助了丹麦的一项工程，旨在促进个体农场更加灵活地进行用水管理，提升农业整体生产力。这项工程耗资巨大，结果却令人大失所望。具有讽刺意味的是，由于农业领域其他创新相继出现，当该工程"竣工"时，它多多少少已经过时了。这一事件似乎验证了大批毁坏湿地的反生产性，显示了与湿地和谐相处无论对人类还是对湿地本身都是有利的。

最近出现了一场深刻的社会运动，旨在修复世界各地的湿地。很多曾经严重干涸的湿地已经复兴，植被和鸟群重获新生。乌克兰境内由欧洲野化基金会扶持的多瑙河三角洲地区就是其中一个成功案例。20世纪70年代，那里的11座土坝被拆除，如今鱼群已经回归，水獭和

鸟类创建了新的栖息地。湿地恢复速度之快令人惊叹。由于湿地吸收温室气体的能力极强，如今，恢复湿地已经被视为减缓或阻止全球变暖的一项重大行动。2019年，政府间气候变化专门委员会指出，恢复湿地封存碳的效果"立竿见影"，不像有的措施，要到几十年之后才有显著效果。

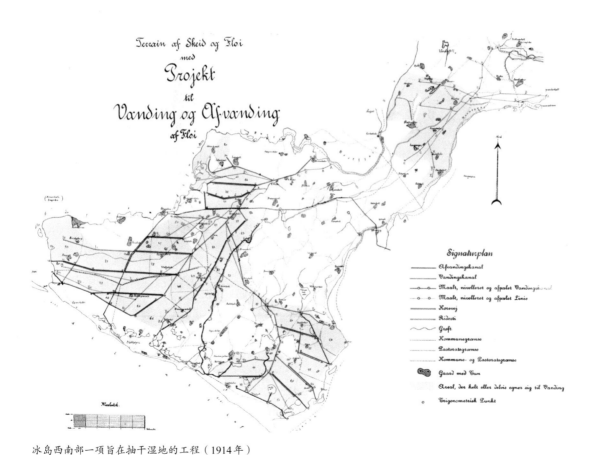

冰岛西南部一项旨在抽干湿地的工程（1914年）

第九章　日益干涸的湿地

第十章

塑料污染

"塑料"这个概念有很长的历史渊源。在写于公元前350年前后的《天象学》一书中，亚里士多德区分了两类"易感物"，也就是可以由人类手工制作的无生命物体。亚里士多德表示，一些"易感物"（如羊毛）"可压缩"，但不能恢复形状，而另外一些"易感物"（如蜡）可以浇铸（希腊语 plassein），在制作过程中保持形状。英语形容词"plastic"（塑料制的）大约出现于16世纪末，而名词"plasticity"（可塑性），即可被塑造的能力（参照儿童大脑可塑性或大脑神经可塑性），似乎出现得较晚，直到18世纪末才出现。如今所谓的"整形外科"在古埃及和古印度文字中都有记载，但直到20世纪下半叶，随着生物技术和基因组学的发展，可塑性的概念才被延伸到生命本身，即被延伸到改造活细胞领域。

塑料之所以受到青睐并继续发展出多种形式，是因为：它的生产价格便宜（取决于石油价格）；生产塑料排放的温室气体比生产其他物体（如纸）的要低；塑料强韧且防水；塑料有助于减少食物残渣；塑料可以呈现出各种形式（尤其是借助3D打印）。而最引人注目的是，某些塑料可以反复熔化和重塑。毋庸置疑，最近几十年里，塑料一方面部分推动了经济增长，另一方面造成了巨大的环境问题。

塑料是由石油提炼出的石化产品制成的，是在100多年前被发明的。从那时开始，塑料就被用于制作各种物品。海洋中漂浮大量塑料垃圾的图片引起了很多人的警觉，让他们意识到从船上扔下或从下水道、河流中排入海洋的塑料垃圾带来的日益增长的威胁。由于主要洋流（环流）的作用，这些塑料垃圾在特定地点聚集。1997年，美国海军上校查尔斯·摩尔发现太平洋中部海面上漂浮着大量塑料瓶。他将其称为"塑料岛"，并且推动塑料污染问题被列入国际环境议程。

"塑料岛"这个词具有误导性，因为摩尔发现的塑料垃圾是暂时漂浮在海水表面或表面

南非海岸附近的一座"塑料岛"

一只被"鬼网"缠住的海龟

人类印记 当人类世来临，我们要谈些什么

附近的，它们最终会沉入海底，或悬浮在海底和海面之间。有人提议，用"塑料汤"这个词更为合适，因为它强调了塑料和其他材料一起混杂在海底和海面之间。还有人提议用"塑料培养液"这个词，强调塑料微粒和纳米塑料的形成。这些微小的塑料碎片在进入海洋和陆地食物链时不易被发觉。它们一旦进入人体组织和器官，就永远无法被去除。捕鱼时丢失的塑料"鬼网"不仅会对旅行者造成威胁，数十年来，它们也常常缠住船的螺旋桨并在海洋中自由漂浮，导致鱼、乌龟、海豚和鲸鱼受伤甚至死亡。海鸟可能会误将小塑料制品认作食物，从而带来致命后果。

塑料污染最严重的后果，也许是纳米微粒的出现，它们能影响各个等级的食物链。据估计，每年有800万吨塑料垃圾进入海洋，而只有极少部分（也许是1%）出现在沙滩上或海洋"塑料岛"上。部分失踪的塑料最终出现在海床上，其余的则分解成微粒，很难被察觉。

如今的雪花不再是象征大自然纯洁的田园诗般的画面，因为它们已经被流动的微塑料污染了。风将塑料微粒吹到很远的地方，直至瑞士的阿尔卑斯山和北极。虽然人们对这一发展状况的了解极为有限，但它表明，塑料微粒在大气中循环，成为空气污染的一个重要来源。塑料微粒还会随雨水降落，影响城市居民。伦敦空气中的塑料微粒含量就达到了有史以来的最高值，人类和其他生物呼吸的就是这样的空气。

最初，塑料被视为进步的象征，但如今它已沦为令人生厌的东西。大卫·阿滕伯勒爵士的第二部电视连续剧《蓝色星球》（2017年）引起了人们对海洋塑料污染的注意。他预测，地球塑料污染引起的仇恨将和奴隶制旗鼓相当。

人类世对地球影响最清晰的标志之一是出现所谓的胶砾岩。胶砾岩是天然物质（如沉积的谷物和贝壳）在营火燃烧中熔融后变硬的塑胶黏在一起形成的。

夏威夷卡米洛海滩，如今被称为"塑料海滩"

夏威夷卡米洛海滩上的胶砾岩

这类岩石最初是在夏威夷卡米洛海滩上发现的。胶砾岩是真正的地理社会形成物，在未来很长一段时间内，任何寻找当前人类影响清晰迹象的地球科学家都能发现很多胶砾岩。

在极短的一段时间内，塑料便在地球上（即便不是尖峰和标志性地质层）留下痕迹，成为人类世的一个主要特征。塑料可能会造成难以克服的环境问题，它一旦被生产出来，就很难消失。当前，地方和全球环境议程的主要议题是，将塑料的破坏程度最小化，减缓塑料生产速度，管理塑料使用和塑料废物，尽可能清理塑料垃圾。尽管个人限制塑料的努力的确有帮助，公众态度似乎也在转变，但是在阻止塑料产品使用方面，政府法规，包括禁止一次性塑料产品的使用，产生的影响力要大得多。

塑料文化

塑料自20世纪被发明以来，已经渗透到流行文化和日常语言的方方面面。艺术家安迪·沃霍尔的话抓住了其中的精髓："我爱洛杉矶，我爱好莱坞，它们都很美，每个人都是塑料——但我爱塑料，我想成为塑料。"20世纪40年代，雕塑家彼得·盖宁制作了一只黄鸭，他申请了专利，并制作了一款能漂浮的玩具。这只极具艺术效果的"橡胶"鸭，底部扁平，全身用乙烯基塑料等类似橡胶的材料制作而成。目前它已成为全民偶像，经常象征性地与洗澡联系起来。玩具鸭全球销量累计达5000多万只。杰夫·昆斯于1986年创作了具有开创意义的不锈钢雕塑作品《兔子》，它成为20世纪最具标志性的艺术品之一。2019年，该作品拍卖价高达91075000美元，刷新了在世艺术家作品拍卖价格纪录。当这件作品首次在纽约的一家美术馆展览时，《纽约时报》特约艺术评论家是这样描述的："它是一只特大号兔子，嘴里叼着一根胡萝卜，曾经用可充气的塑料制作而成。"2007年，一只意义非凡的放大版兔子出现在美国纽约梅西百货感恩节大游行队伍中。也许这只平淡无奇、闪闪发光、似钢的仿制塑料兔才是人类世的最终象征。

一些视觉艺术家聚焦塑料制品更加险恶的一面。例如，弗洛伦泰因·霍夫曼将这只标志性的、曾四处展览的大黄鸭充气放大，其中一只橡胶大黄鸭长20米，宽26米，高32米。霍夫曼临时将这些大黄鸭放在一些重要城市的港口展览。摄影师本杰明·冯·黄从废品管理中心借来塑料瓶，拍摄了《美人鱼恨塑料》系列作品，展示了美人鱼被1万个塑料瓶缠住的场景。摄影师格雷格·西格尔在《七日垃圾》系列作品中，请朋友和家人将自家产生的垃圾保留一个星期并置身于这些垃圾之中进行拍摄，场面令人震惊。

弗洛伦泰因·霍夫曼制作的大黄鸭展出（2013年）

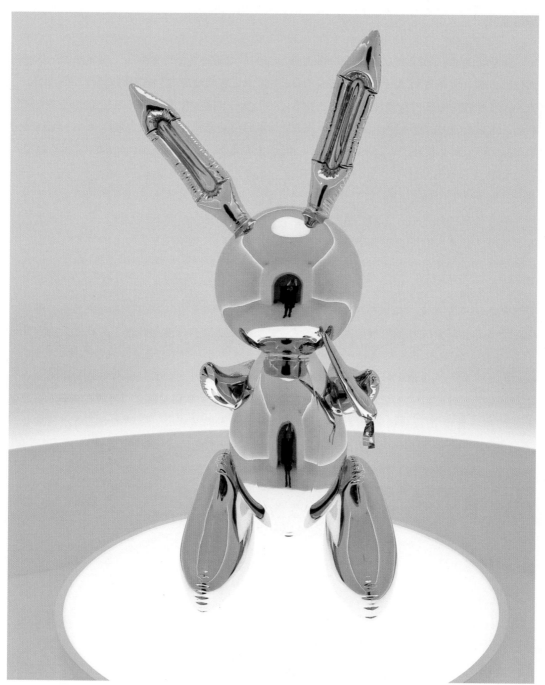

杰夫·昆斯制作的不锈钢雕塑作品《兔子》（1986年）

人类印记 当人类世来临，我们要谈些什么

摄影师格雷格·西格尔拍摄的《七日垃圾》(2014年)

本杰明·冯·黄的系列摄影作品
《美人鱼恨塑料》(2016年)

第十一章

过　热

要想知道我们处于人类世的哪个阶段，很重要的一点是，采取历史视角。环境史先驱唐纳德·沃斯特称："我们……有两段历史需要书写，一段是关于我们自己国家的历史，另一段是关于'地球'的历史。当更大范围的地球历史得到充分书写后，这段历史的核心必然是人类与自然世界不断发展的关系。"在现代主义处于高峰期的20世纪80年代，这一提示来得可谓及时。当时，自然和文化彻底隔绝，历史写作通常要么注重自然，要么注重文化，但不会同时兼顾二者。

然而，两个世纪以前，历史学家并未将自然和文化分开，而是乐于了解沃斯特所谓的自然与文化"不断发展的关系"。布丰伯爵在《各个自然时代》一书中概述的计划影响了整整一代思想家，包括亚历山大·冯·洪堡和查尔斯·达尔文。布丰希望创建"地球成为人类领域的时刻"，探索人类与土地的斗争，尤其是人类保卫"幸福气候"的努力。布丰指出：

……人类可以改变所在地的气候影响，譬如，可以将气温保持在适宜的水平。异乎寻常之处在于，使地球变冷要比使地球变热更加困难。人类是火的主人，可以任意添加和传播火，却无法控制或传播寒冷。

人类世的历史周而复始，重新回到了布丰的世界，也就是他所担忧的气候变暖，以及他倡导的全球眼光。在布丰那个时代，"幸福气候"这一概念带有种族优越感：观测者居住的世界才是最好的世界。如今，气候远未达到"幸福"的程度，地球饱受过热的困扰。

美国和欧洲的机构发布的一些报告得出结论：过去十年是有史以来最热的十年。有记录表明，与20世纪中叶相比，2019年，全球平均气温要高出将近1摄氏度。这在很大程度上是由人类活动和化石燃料燃烧导致大气中温室气体加速聚集造成的。海洋的记录显示，类似的预测可能造成重大影响，因为海洋能吸收人类世

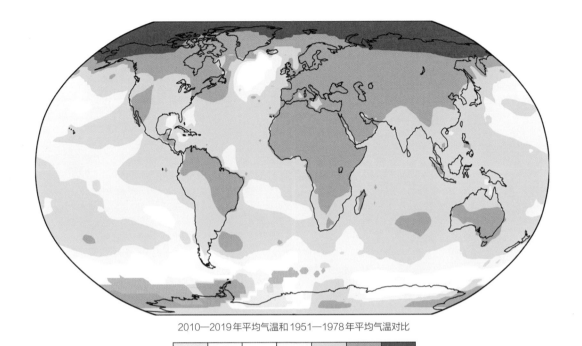

2010—2019年平均气温和1951—1978年平均气温对比

-1.0　-0.5　-0.2　+0.2　+0.5　+1.0　+2.0　+4.0

全球平均气温变化

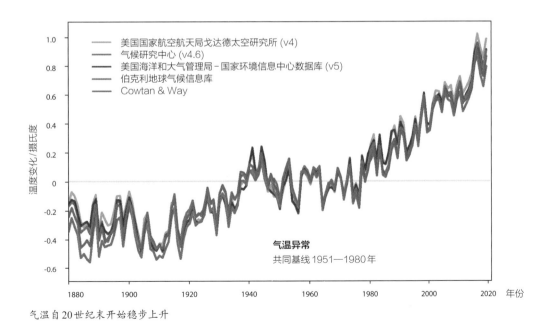

气温自20世纪末开始稳步上升

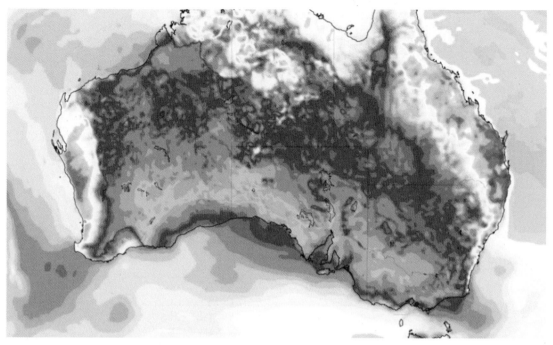

警报信号，澳大利亚连续两天创高温纪录（2019年12月19日）

气候变化产生的90%以上的额外热量。气温上升1摄氏度可能听起来微不足道，但有证据表明，世界尚不能有效应对全球变暖，全球可能正在进入危险的"温室"状态。每往这个方向迈进一步，子孙后代适应起来就会变得更困难一些。

最近的研究将视角拉回历史层面，证实了过去50年里全球模型的准确性，包括美国国家航空航天局前气象学家詹姆斯·汉森开发的模型。汉森曾因向美国参议院证实人类活动引起的全球变暖而名声大噪。此类发现使人们对未来气候预测可靠性的信心进一步提升。反过来，这也导致了令人担忧的结论。从1000—1200年出现的"中世纪暖期"来看，其中一个灾难性后果将会是极度干旱。接下来的几届联合国气候变化大会，包括2020年格拉斯哥大会，对促进减排、达成2015年《巴黎协定》设置目标的全球努力将起到决定性作用。

"过热"在一定程度上是种隐喻，强调的是指数级速度和增长、倍增的能量需求、大灭绝和令人震惊的污染等。挪威人类学家托马斯·荷兰德·埃里克森在《过热：加速变革的人类学》一书中指出，过热（字面意义是指温度上升过高）是更大的人为复合体的一部分。该复合体包括全球化、旅游、污染、航运和新自由主义政治，它们紧密地联系在一起。这些因素错综复杂，使处理过热变得困难、混乱、风险重重，还可能触及"失控"按钮，带来难以预测、理解和应对的结果。也许在人类世，"过热"这个词要比"变热"更贴切。在物理学中，液体过热是指将液体温度提升到沸点以上但不让其发生相变，这可能会使液体急剧蒸发成气体。

两个世纪以前，布丰伯爵将制冷视为代表地球历史"第七世也是最后一个世"社会文明的工程，"人类的力量辅助大自然的力量"。他要是得知人类在20世纪发明了空调，一定会疑惑不解。人类已经用了数十亿台空调给家里和办公场所制冷。在全球变暖的同时，空调的需求量也在增长，这加大了化石燃料供电需求，反过来又加剧了全球变暖。

有趣的是，如今有人试图用类似空调的机

东京街头，人们用便携式风扇解暑（2019年8月）

器在空调降温过程中抽取空气中的二氧化碳，同时生产环境友好型、可再生的"大众油"，这是近似科幻小说的生态科学。事实上，生态小说在人类应对气候危机中扮演着越来越重要的角色。各种艺术、音乐、诗歌和小说正帮助人们将视线从图表和统计数字中移开，还原世界的本来面貌。或许，人类能够从中找到改善世界的方法。

空调通风设备。如今，全世界依靠这些设备降温，而它们会产生大量碳足迹

冰川的末日

早期的冰川探险家通常认为，他们看见的巨大冰川是一动不动的。但他们随后发现，这是一种错觉。当代大多数冰川诞生于所谓的"小冰川期"，大概就是1550年至1850年的全球变冷时期。事实上，冰川总是出现季节性变化。小冰川期结束后，消退的冰川在岩石表面留下了相应的划痕，给人类提供了关于地球历史的启示（与化石提供的启示类似）。法国历史学家埃马纽埃尔·勒鲁瓦·拉迪里在欧洲档案中发现的记录是这样描述的："体积大到无法估量的恐怖冰川，足以摧毁房屋和田地。"随着全球气温逐年攀升，如今地球上的冰川开始给人类上第二堂课，也是更加深刻的一堂课——关于地球对人类影响的敏感性。在某些情况下，人类生火产生的微粒会飘到很远的地方，被冰雪吸收，使冰川表面颜色变暗，吸收太阳能的能力增强，这加速了冰川融化。通过这种方式，亚马孙河流域最近的大火和毁林正加速安第斯山脉的冰川融化。诚然，冰川融化的主要驱动因素是温室气体导致的全球变暖，这也是人类世的一个关键特征。

冰川融化造成的影响多种多样，而且会持续下去——尽管出现在不同的地方，速率不同，直到冰川消失。除非全人类在21世纪将全球气温升幅控制在比工业革命前水平高出1.5～2摄氏度，与2015年《巴黎协定》设定的目标一致，否则冰川就会消失。冰川消失会引发一系列问题：冰川过去起到了哪些作用，对过去和现在生活在冰川附近的生物产生了哪些影响？冰川融化会造成哪些局部影响？在某种程度上，只有类似这些问题才能解释为何当今有如此多的人选择参观冰川，不管他们来自当地还是远方。在很多地方，冰川吸引了一大批游客和科学家。

冰川融化造成的影响之一是，地球如今开始围绕自转轴"跳新舞蹈"。冰川融化使地球表面的质量重新分布。人类至今尚不明确这种现象会造成什么后果。无论如何，冰川融化造成

威尼斯遭遇1966年以来最严重洪灾，图为2019年10月的圣马可广场

第十二章　冰川的末日

格陵兰岛北极海冰消失速度超过预期

人类印记　当人类世来临，我们要谈些什么

适应洪水需要付出巨大的财政和心理代价（包括"生态悲痛"）。一些视觉艺术品有效地体现了洪水这一不断迫近的威胁。其中一个例子是由芬兰艺术家派卡·尼蒂维塔和蒂莫·阿霍在苏格兰赫布里底群岛上创办的艺术展。他们使用了能与潮汐变化相互作用的传感器，涨潮时能同步激活灯光展。这一展览能够为参观者展示未来海平面上升的情形，从而引发"关于海平面上升未来会如何影响沿海地区、沿海地区居民和土地使用状况的对话"。

线（北纬 57° 59′，西经 7° 16′），由派卡·尼蒂维塔和蒂莫·阿霍创作的旨在探索海平面上升的艺术展

的后果都远远不如洪水和海平面上升造成的直接后果明显。洪水和海平面上升已经淹没人们世世代代的居所，迫使人们搬离故土，并对无数人居住的沿海城市构成威胁。2019 年 11 月，意大利威尼斯遭遇了 1966 年以来最严重洪灾，大部分城区被洪水淹没。洪水期间，威尼托大区委员会讨论如何应对气候变化，并最终否决了一项应对气候变化的计划。委员会刚做出这一决定，办公室就被洪水淹没了。

格陵兰岛冰川融化的速度比人们想象的更快。冰川融化给格陵兰岛居民甚至整个地球带来了严重后果。格陵兰岛冰川是世界第二大冰川，面积仅次于南极洲，占格陵兰岛面积的 80%。格陵兰岛冰川融化会使海平面显著上升。对格陵兰岛居民而言，冰川至关重要——冰川为他们提供了出行路线和狩猎地，而且在市场经济和殖民统治（格陵兰岛是丹麦的一个属地）的阴影下，冰川是维持传统生活方式的关键。格陵兰岛居民将雪橇犬视为家庭成员，可如今，他们不得不杀掉雪橇犬。冰川融化在格陵兰岛居民当中引发了极度焦虑。在接受《卫报》采访时，猎人克劳斯·拉斯穆森表现出

"令人震惊的悲恸之情"。"在人们很少流露真情，崇尚力量、沉默和自足的文化中"，这一反应可谓意义深远。

冰川就这样自生自灭了。冰川附近的居民尊重冰川，对冰川的灭亡表示哀悼。秘鲁南部安第斯山脉地区的传统节日——雪星节，在殖民统治之前就已存在，节日里的部分活动聚焦于赞美当地冰川。每年一度的雪星节持续三天，男人会装扮成半人半熊模样的生物，从冰川上凿下冰块，带回去与部族共享。他们认为，冰川融化的水能够治愈人类疾病。如今，由于全球变暖，冰川规模变小，这一传统已经终结。冰川消失给当地居民造成了重大损失。山脉似乎也在无声地哭泣。

2019年8月18日，人类历史上首场冰川"葬礼"在冰岛举行。当时，来自全球各地的大约100人在崎岖的山路上艰难跋涉5小时，爬上芬兰西部的欧克山顶，悼念冰岛因全球变暖直接或间接（通过风刮来的沙尘和微粒）融化的第一座冰川。山顶竖立起一块纪念碑，上面刻着冰岛作家、活动家写的《致未来的信》："我们知道发生了什么，知道该怎么做。而只有你知道，我们到底有没有兑现承诺。"几位国际政要参加了该活动，其中包括爱尔兰前总统、联合国人权事务高级专员玛丽·罗宾逊。人们很容易看到该活动"保卫欧克"（发明一个人类世术语）的目的，从而强调冰川融化时期冰川奇怪的新常态，以及冰川给对地球具有情感依恋

秘鲁南部安第斯山脉地区的雪星节，人们前往科尔克蓬科山上的冰川（2016年5月24日）

人类印记 当人类世来临，我们要谈些什么

冰岛欧克山顶的冰川"葬礼"现场（2019年8月）

宣布冰川消失（2019年8月），背景是欧克山顶遗留的冰川

刻在欧克山顶纪念碑上的《致未来的信》（2019年8月）

第十二章　冰川的末日

瑞士为一座"死去"的冰川举行哀悼仪式（2019年9月）

的人类造成的影响。

从地质学观点来看，欧克冰川无疑已经消亡，剩下的冰雪不再以冰川的形式移动。它不仅是冰岛第一座消亡且被纪念的冰川，它的命运还立即成为冰川消失的一般象征，登上了全球众多媒体的新闻头条。一个月后，瑞士也出现了类似欧克冰川的场景，人们开始悼念瑞士东部格拉鲁斯山皮措尔峰冰川的消亡。

有时候，在融化的冰川边缘，观察者可以看见火山喷发留下的火山灰层，也就是时间刻在冰川上的不规则水平条纹。这些火山灰层为洞察历史提供了重要途径。看起来像是逐渐消失的冰川正伸出"冰舌"（地质术语）嘲弄观察者。如果事情仍然按照预期发展，那么人类行为的证据将逐年变得清晰，直到冰川消失。

从冰川表面向下钻探，从深处提取"冰川编年史"，可以为我们提供过去几千年环境变化的珍贵记录。1993年7月1日，格陵兰岛冰芯钻探项目向全世界发送了以下信息："在格陵兰岛中部……发现了岩石。这是……从冰芯获得的有史以来最长的环境历史记录……也是北半球可能获得的最长记录。"这是历史性时刻。该项目确立了遥远过去的惊人证据，提供了代表不同时间点的大气样本，为将来的气候预测提供了基本手段。

在受干旱侵袭的肯尼亚瓦吉尔，一位母亲抱着自己的孩子（2006年）

第三部分

带来的后果

PART 3
RESULTS

The
Human
Age

反常的天气

气候和天气在大多数时候对大多数人来说是至关重要的，会影响人们的情绪和幸福感。在日常生活中，"气候"和"天气"这两个词通常可以互换，都会引来人类世阐释。二者虽然有重合的地方，但是存在一个重大区别。"气候"一词来自希腊语klima（源自klinein，意为"倾斜"），通常被视为大气的长期"行为"，因此，全球变暖会涉及某种时间趋势。而"天气"指的是短时间的状况。天气可以是无风的稳定状态，也可以是反常、极端和剧烈的状

写有"飓风季"的警示牌

遭到飓风"哈维"侵袭的美国得克萨斯州休斯敦市（2017年）

遭到飓风"哈维"侵袭的美国得克萨斯州休斯敦市（2017年）

人类印记 当人类世来临，我们要谈些什么

态，就像最近出现的风暴性大火一样，伴随着干热、强风或者可怕的洪水和飓风。这些天气在世界上一些地区十分常见。气候"倾向于"改变（二者的词源相同），引发其他事件；而天气则是一个"抵达"事件——有时候朝着更坏的方向发展。

如果人类可以影响气候，那么我们可以制造天气吗，就像《我们是天气》这本书的标题所描述的那样？反常天气在人类世有多常见？极端天气也存在一种趋势或渐变群吗？这些问题很难回答。人们可以根据冰芯和树轮有效推测气候状况，但它们在预测洪水和飓风方面就不那么奏效了。另外，记录温度的历史要比追踪天气的历史长得多。直到现代，气象学家才能够近距离接触飓风，如飞往飓风中心。

那些居住在频繁出现反常天气地区的人，自然而然地造出复杂的词汇来描述那些天气状况，如飓风、旋风、台风、龙卷风、洪水、雪崩和海啸。世界各地的史书和民族志在描述那些反常天气亲历者的经历时，通常使用这类词，但这些词并未在考古学记载中出现。幸运的是，我们还有希望追溯历史、预测未来。2007年，政府间气候变化专门委员会得出结论：热带气旋强度提升幅度要高于气候模型预测值。这一趋势可能在21世纪持续下去。政府间气候变化专门委员会补充道："热带气旋强度提升很有可能部分是由人为导致的。"其他研究表明，虽然旋风频率可能并没有提升，但旋风

第十三章　反常的天气

飓风"多利安"的风眼（2019年9月1日）

人类印记　当人类世来临，我们要谈些什么

遭到飓风"哈维"侵袭的美国得克萨斯州休斯敦市（2017年）

可能会变得更加极端。事实上，气旋强度正越来越大。一项针对墨西哥湾库帕斯克里斯蒂湾的研究显示："如果全球变暖预测值成为现实，那么沿海地区的洪水水位可能会在未来80年显著提升，使沿海地区更加容易遭到飓风破坏。"

飓风强度提升，意味着发生洪灾的风险加大，会对沿海地区和人的生命造成严重威胁。最近这些年发生的破坏性巨大的飓风包括2005年的"卡特里娜"，它对美国新奥尔良及其周边地区造成了重大破坏，使1200人丧生；2012年的超级风暴"桑迪"，导致8个国家共计230余人丧生，造成巨大的情感、政治和财政影响。

从所有飓风测量指标来看，2019年大西洋飓风季都接近或超过过去十年的平均水平。"大西洋连续4年出现5级飓风——创造了新纪录。"杰夫·马斯特斯在记录2019年大西洋飓风时这样写道。马斯特斯不禁问道："它们是未来的预兆吗？"其中一个飓风是"多利安"，时速达到185英里（约298千米），对巴哈马群岛、美国南部、维尔京群岛，甚至加拿大部分地区造成破坏，导致的经济损失高达46亿美元。

人们试图削弱和缓和飓风的破坏性。20世纪60—80年代，美国政府开展了"破风计划"，派飞机向风眼投放碘化银，希望将海水冷却至冰点，以降低风暴速度，也许还能改变风暴路径。但人们发现，结果充满了不确定性。另一项雄心勃勃的计划是将冰川"运"往热带海洋，降低海水温度。然而，飓风似乎过于强大，人类无法"管控"。人类也许能增强飓风，但是一旦出现风暴，人类就无法控制了。更加行之有效的做法是制定减灾措施，建立防御机制，应对风暴发生时和发生后出现的问题。

一个有意思的现象是，在破坏性飓风很常见的地区，政府和国家救济措施只有在不提及气候变化的前提下才会实施。在美国，数十亿美元赈灾金在飓风到来之前就已拨付给沿海各州，以减轻飓风破坏，显然前提是不要特别提及"房间里的大象"。因此，得克萨斯州呈递给政府的一份长达306页的报告中，只字未提"气候变化"或"全球变暖"，而仅仅提到了"沿海情况不断变化"。在其他情况下，官方报告和管控赈灾金使用情况的法律提到"不断变化的天气状况"和海平面上升，却未提及气候变化。

当前，美国有关气候灾难的言论极为机密，几乎与揭露事实做斗争，这部分是冷战的结果。军备竞赛导致美国痴迷于监视和国家安全。人类首次可以"想象真正的地球危机是怎样的"。虽然飓风在某些地方已成事实，但有关飓风破坏性的升级可能是由人类活动引起的讨论却被精心遏制。气象学家詹姆斯·汉森在警告全球变暖的潜在威胁后，遭到了黑客攻击和骚扰，探索气候变化与飓风强度升级关系的科学报告审批也受到了严重制约。用于预测和追

"破风计划"成员和一架道格拉斯DC-7飞机（1966年）

电影《后天》剧照（2004年）

踪飓风的技术严重依赖冷战时期取得的进步，包括绘制世界地图、借助超级计算机和卫星监控系统。官员将飓风"卡特里娜"比作核战争和广岛原子弹爆炸并非巧合。大自然发动了新的"反恐战争"。

飓风和核冬天已出现在包括电影、图书与音乐在内的众多艺术和媒体中，吸引了大众注意力。一些电影包括《黑客帝国》《完美风暴》《后天》广受欢迎。在《后天》这部影片中，洛杉矶被龙卷风摧毁，纽约被上升的海平面淹没并被冻住，美国国家安全部门却拒绝听从气象学家的建议，也不顾有关全球变暖的警告。这些电影可能让人感到的是大灾难和绝望，但也可能创造空间，使人们准备就绪、满怀希望、提供建设性的集体应对措施，为应对今后的洪水和飓风做好准备。

第十四章

火山喷发

科学家逐渐将地震、火山和地层纳入科学版图。他们问："是什么导致了火山喷发？"在一些人看来，自从德国地球物理学家、气象学家阿尔弗雷德·魏格纳1912年提出大陆漂移假说后，答案就显而易见了。大陆漂移假说如今被称为板块构造论，它认为，地壳由一些厚厚的板块构成，这些板块在地球中央熔炉上方不断缓慢移动。它们相互分开或者相互靠拢，或者陷入彼此的下方。板块裂开的地方，就会形成山脊、火山。大约在20世纪60年代中期，板

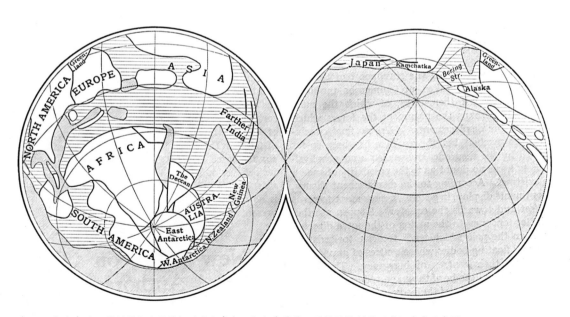

在1915年发表的一篇阐释大陆漂移假说的文章中，阿尔弗雷德·魏格纳绘制的石炭纪地球示意图

冰岛南部的埃亚菲亚德拉冰盖火山喷发（2010年）

块构造论得到了广泛认可。然而，直到20世纪90年代，人们才直接监测到板块运动。在卫星的帮助下，人们可以从太空探测地球运动。

人类对地球的影响到底有多深远？人类世的特征可以在地球内部、板块下方和岩浆中被探测到吗？答案是肯定的。水力压裂是指向地球内部挤注压裂液以释放石油或天然气。这一方法可能会引发地震。地热能的应用具有类似效果。那么火山呢？火山是否不受人类影响，是传统观念中的自然力量，是未受影响的原始残留物，就跟包括北极光在内的地球之外的现象一样？

火山喷发可能产生巨大影响。2010年，冰岛南部的埃亚菲亚德拉冰盖火山喷发就是一个明显例子。得益于卫星技术，全球都可以观看火山喷发整个过程的直播。很快，人人都在讨论冰岛。埃亚菲亚德拉冰盖火山喷发迫使欧洲各国纷纷关闭机场。由于火山灰可能造成引擎故障，飞机只有在风向有利的情况下才能起飞。机场关闭对全球1000万名乘客的日常生活

维苏威火山的火山口——人类最早的火山学家之一威廉·汉密尔顿爵士在1776年之前手工上色的版画

人类印记 当人类世来临，我们要谈些什么

和出行造成的巨大影响要远远超过火山喷发本身。短时间内，火山喷发导致航班停飞，减缓了温室气体排放；但与此同时，火山也释放出大量气体。

在人类世初期的1783年，冰岛拉基火山喷发，至今尚无迹象表明那是气候变化导致的结果。然而，对全新世中期（4500～5500年前）冰岛火山喷发进行的一项历史研究表明，冰川扩张对地球表面造成压力，从而减缓了火山喷发。那么，最近火山喷发数量增加，可能是全球变暖和冰川消退这些人为因素导致的吗？

的确，北极地区的一些火山喷发是由人类活动造成的。2008年，一项针对冰岛瓦特纳冰原的研究表明，不断融化的冰川会在与人类相关的某个时段增强火山活动。另一项针对冰岛火山的研究表明，地壳隆起和火山活动可能是由全球变暖造成的。这个位于美国亚利桑那州的研究团队运用全球定位系统，在冰岛62个地点进行连续测量，最后得出结论：早在30年前，冰岛地壳隆起（每年高达35毫米）就与火山喷发和全球变暖同步出现了。《卫报》恰如其分地宣称："气候变化正在抬高冰岛，可能会导致更多火山喷发。"有媒体将冰岛的地壳比作蹦床——一直处于运动当中。2010年，埃亚菲亚德拉冰盖火山喷发似乎是由全球变暖、冰川减少和地面压力降低共同造成的。这是人类世的一个重大的新转折点。欢迎来到"蹦床"上！

尽管地球科学家还不能深入地球内部，但他们如今可以深入观察地球这个不断变化的星球。借助超级计算机和数学，他们可以像扫描人体一样"扫描"地球内部，监控地球内部深处的岩浆运动。将地球内部与人体做比较并非无关紧要。就像考古学家凯伦·霍姆博格所说的那样，人们往往将火山人格化，赋予火山手指、肩膀、脖子甚至人格。由于维苏威火山同时破坏和保存了古罗马庞贝古城，因此很少有火山的象征意义能与之相提并论。维苏威火山通常以"活人"形象出现，随意张开肩膀、耸耸肩。这种理解对于强调火山是活跃的至关重要，同时还揭示，人们通常感到与"他们的"火山密切相关。知道火山活动的"身体"对于与火山相处的居民来说很重要。人类定居点上方或附近的火山喷发，可以作为现有秩序被扰

乱的比喻，它阐明了生活中的关键问题，指出了在全球层面扩大一致行动规模的必要性。

法国艺术家奈莉·本·海因恩创作了《另类火山》，让人们足不出户，在客厅中就能感受人类世人为导致的火山喷发。2010年，奈莉将几座人工制作的火山模型放置在几户伦敦家庭的客厅里。她的火山模型取自"鲜活"的例子——美国的圣海伦火山和坦桑尼亚的伦盖火山（名称来自马赛语，意思是"众神之山"）。奈莉将从烟花中取出的雷管和炸药塞入火山模型中，不时地让火山模型喷发。志愿者在家"照看"这些火山模型两周时间，并成为实验对象。实验结束后，奈莉在个人网站上描述了这些作品：

冰岛南部韦斯特曼纳群岛埃德利扎岛。平整的椭圆形岩石是火山口顶端，该火山在几千年前曾喷发过，从而形成了周围的小岛。远处的游艇提醒人们国际旅行和全球变暖对地质学的影响——可能会导致地震和火山喷发，揭开"死"火山的盖子

亚历山大·冯·洪堡的《自然之图》，描绘了钦博拉索火山和植物地理学

《另类火山》设想了一段爱憎关系，房间角落里有一位"沉睡的巨人"，它发出的隆隆声可能带来刺激，也可能带来恐惧（如果不会给个人生活带来恐惧，那它至少会破坏干净整洁的客厅的室内装饰品）。

奈莉的这次实验，用不断隆起的活火山可能出现的不可预测的表现来威胁客厅的舒适环境——就像是在家里接待一位外国客人。全球变暖就好比房间里的一座巨大的火山。考虑到人为导致的火山喷发，人类也好比一座巨大的火山。

与出行和工业产生的温室气体相比，人类通过水力压裂、钻孔及制造地震和火山喷发对地球内部产生的影响可能看起来微不足道。然而，人们很难将"单个"人类世影响区分开来。事实上，各个人类世因素结合在一起，可能产生螺旋式上升的影响：温室气体排放导致气温升高，气温升高导致冰川融化，冰川融化导致地壳上升，地壳上升导致地震和火山喷发，地震和火山喷发导致温室气体排放量增加，如此循环往复。随着最近高温天气的出现，这一螺旋形运动只会越来越剧烈。毕竟，就像亚历山大·冯·洪堡之前在有关火山和全球变暖的著作中提到的那样，地球万物互联。洪堡在《自然之图》（也被称为《钦博拉索山地图》，以钦博拉索火山命名）中展现了大自然的关联性，通常用于分析全球变暖。这让信息图发展取得了重大突破，研究人员引进了等温线，并囊括了火山在内的不同环境因素。

冰岛南部的埃亚菲亚德拉
冰盖火山喷发（2010年）

脆弱的海洋

海洋对生命的过去和未来都至关重要。海洋孕育了最早的生物体，至今仍然是整个地球生物圈的重要水仓（海水占全球水资源总量的97%），能调节碳和气候循环。然而，在过去很长一段时间里，人类都是站在海岸边眺望海洋的。在殖民时代，欧洲舰队和探险家、奴隶交易商以及种植园主极大地拓宽了人类看待海洋的视野，标志着"漫长的人类世"的到来。

海岸线与浅滩一直是食物和盐的来源地。历史上，盐被视为一种好东西，可用来保存食物和死者的遗体。盐（salt）跟钱类似，似乎很强大，不会腐烂，而且可以计量——这点从"薪水"（salary）的词源中就能看出来。在古罗马，劳动者从海里挖盐，将盐运往城市，以换"盐钱"或者"薪水"。用《圣经》中的话说，一些人要比其他人更加"值盐"。当然，盐并不总是受人类钟爱。据说，在中世纪，人们将盐撒在地上破坏土地，惩罚那些侵犯集体利益的土地所有者。

在西方人的想象中，海洋一直是二维的，为旅行、贸易和沟通提供了便利。人类痴迷于海怪，包括《圣经》中的利维坦、挪威神话中的海蛇和美国小说家赫尔曼·梅尔维尔的小说《白鲸记》中的白色抹香鲸，更多的是对人类社会的隐喻性表达，而不是热心于研究海洋深处的生物。虽然地球表面绝大部分是海洋，但是人类对海洋世界几乎不感兴趣，主要是因为人类难以进入海洋。相比之下，天空和行星更加容易观察，而且有趣得多。

到了19世纪，西方人开始对海洋感兴趣，通常体现为建造受大众喜爱的水族馆。这一风气在英国维多利亚时代尤盛，为人们提供了难得的机会，使得人们可以一窥海洋这个神秘世

《旅行画报》中的海蛇版画（1879—1880年）

编撰于1090—1120年的中世纪百科全书《花之书》中的海怪

界。将水族馆当作海洋的常规模型是比较恰当的。艺术家布鲁斯·麦考尔的插画《虾人的特供菜》——龙虾点餐要吃水缸里游来游去的人，有助于阐明水族馆的一些寓意。毕竟，人类往往将海洋视为一个巨大的水缸，为了达到自身目的而对海洋进行科学管理。人类这一物种以观察者和操控者的身份出现，而其他物种（鱼和其他水生生物）处于次要地位。这一区分暗含的是水族馆内部和外部世界的拓扑学分离性，以及从业者和专家之间的相关区别。水族馆这一意象，通常用来传达为子孙后代"打造"理性世界的必要性。布鲁斯·麦考尔将人类与龙虾的身份对换，似乎是想要含蓄地提醒人们注意将人类与自然分为不同领域。

直到最近，西方人仍然普遍认为，海洋中的生物资源取之不尽，用之不竭。当然，从长远角度来看，这一观点站不住脚。的确，海洋和海洋资源，尤其是鱼类资源，在早期阐明有关平民百姓、资源管理和海洋承载能力的理论方面起到过重要作用。可如今，世界上许多主要鱼类资源都受到过度捕捞、全球变暖以及石油、放射性核废料、人类活动产生的其他副产品污染的威胁，渔场与行业其他分支越来越类似。"天然"渔场的界限越来越模糊，海洋渔场和鱼类养殖数量呈指数级增长。

美国海洋生物学家蕾切尔·卡森以创作反映农业中农药使用状况的作品著称。20世纪50年代，蕾切尔使人们注意到海水变暖对海洋生物的影响。在《海洋边缘》一书中，蕾切尔写道："海平面从来没有静止过……冰川融化或扩张，沉积物增加导致深海海洋盆地移位，大陆板块交界处的地壳为调节压力和张力而上下移动，这些都会导致海平面上升或下降。"

海洋能吸收人类排放的25%的二氧化碳，如今，海洋受到全球变暖和碳排放增加带来的严重威胁。海洋变暖后，能吸收更多的碳，酸性更强，可能会造成生态崩溃。海洋中的"死亡区"缺氧，会影响很多物种，尤其是大型鱼类，包括金枪鱼。海洋变暖同样会对陆地生物造成严重影响，因为陆地生物在很大程度上依赖海洋产生的氧气生存。对过去30年世界各地的状况进行详细的纵向研究，使得上述过程逐渐展现在人类面前。

这类研究结果，加上史前火山喷发和流星撞击，有助于预测未来二氧化碳排放和全球变暖、降水和天气，以及海洋中的化学成分。"海洋酸化"速度比以往更快，过去很长一段时间在完全不同的情形下共同进化的物种可能会出现大灭绝。珊瑚钙化率下降可能会威胁到造礁珊瑚，给沿海地区带来前所未有的环境变化，使沿海地区的生态系统成为地球上受威胁最严重的生态系统。

洋流能使海水水平和垂直移动。大西洋拥有巨大的洋流"传送带"，会对海洋生物、海洋化学和全球气候模式造成重大影响。这些洋流也会受到全球变暖的影响。这再次证明，人们可以从史前事件（在火山灰和冰芯研究的助力下）中学到很多知识。对过去和最近趋势的联合研究警示人们："传送带"传送速度正在变慢。尽管海洋变暖的影响并不总是立竿见影的（延后时间要以世纪为单位计算），但飓风的数量可能会剧增。

虽然在过去一百多年里，人类已经对海洋进行了全面探索，但人类对海底仍知之甚少。其中一个原因是，海洋深处压力太大，人类难以到达海底。直到最近，探险家都认为深入海底毫无意义。长期以来，人们认为，生态系统一定是在光合作用下形成的，而离海面几千英尺的海底肯定没有光合作用。这一观点直到1977年才发生改变。当时，人们在加拉帕戈斯群岛海底发现了海底热泉。热泉里的化学物质为建立生态系统奠定了基础，生态系统中

塞舌尔圣约瑟夫环礁自然保护区，包括一个海洋保护区

位于太平洋中西部的富纳富提环礁，最高点海拔仅为15英尺（约4.6米）

表面温暖洋流

深层寒冷洋流

北大西洋洋流"传送带"

第十五章　脆弱的海洋

地球上的最高点和最深点

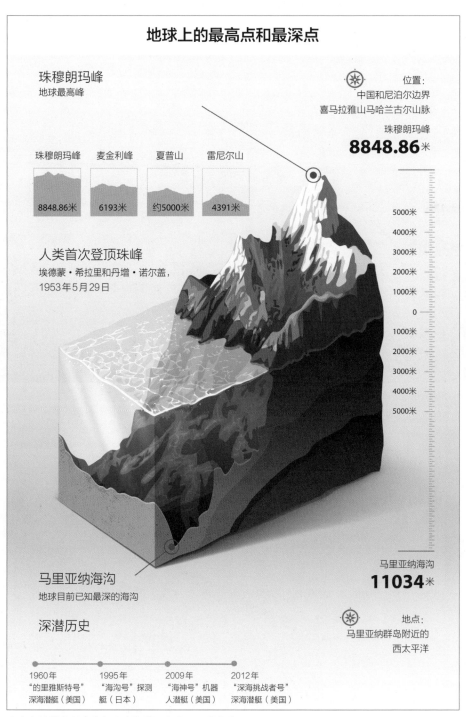

珠穆朗玛峰
地球最高峰

位置：
中国和尼泊尔边界
喜马拉雅山马哈兰古尔山脉

珠穆朗玛峰
8848.86米

珠穆朗玛峰	麦金利峰	夏普山	雷尼尔山
8848.86米	6193米	约5000米	4391米

人类首次登顶珠峰
埃德蒙·希拉里和丹增·诺尔盖，
1953年5月29日

5000米
4000米
3000米
2000米
1000米
0
1000米
2000米
3000米
4000米
5000米

马里亚纳海沟
地球目前已知最深的海沟

马里亚纳海沟
11034米

地点：
马里亚纳群岛附近的
西太平洋

深潜历史

1960年	1995年	2009年	2012年
"的里雅斯特号"深海潜艇（美国）	"海沟号"探测艇（日本）	"海神号"机器人潜艇（美国）	"深海挑战者号"深海潜艇（美国）

地球上的最高点珠穆朗玛峰和最深点马里亚纳海沟

鳞足螺

奥居斯特·皮卡尔1960年设计的"的里雅斯特号"深海潜艇，旨在潜入马里亚纳海沟（以西太平洋的马里亚纳群岛命名）

包括螃蟹、蠕虫和章鱼在内的各种生物蓬勃生长。马里亚纳海沟是地球上最深的地方，深约11034米（约合36200英尺）。在那里，人们已经发现了塑料袋的身影。

当前，一些公司争相赶在国际法生效前开采海底稀有金属。在纳米比亚、巴布亚新几内亚和其他几处的近海，它们已经规划或正在实施水下采矿，这可能会破坏通常极少被记载或为世人所理解的脆弱生态系统。1999年，人们在印度洋海底热泉中发现了一种奇怪生物——鳞足螺，它身上有个奇怪的由硫化铁形成的多层金属壳。

只要人们意识到生物圈万物互联，那么水族馆这个比喻就可能继续有效。要想让这一比喻性关联有意义，就有必要放宽对控制和边界的某些假设。新版本水族馆比喻可能既包括气候科学家，也包括"门外汉"，跟鲸鱼、鱼、微生物和其他生灵一道在水缸里游动。在人类世，生物和物质世界的每个层面都带有人类印记，重新评估显得尤其重要。

第十六章

社会不平等

人类世是否会对人类造成相同的影响，不论财富、社会地位、种族、性别和阶级？这一问题曾引发讨论，人们通常会提起迪佩什·查卡拉巴提的"救生艇争论"。查卡拉巴提是美国芝加哥大学一位十分有影响力的印度历史学家和社会理论家，他在2009年表示：

通过全球资本折射出来的气候变化，无疑将加剧在资本规则下运行逻辑的不平等，一些人无疑会以牺牲其他人利益为前提暂时获得回报。不过，整个危机不能简化为一个资本主义故事。跟资本主义危机不同的是，这里没有为富人和特权阶级准备救生艇……

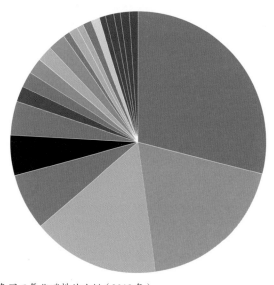

美洲
非洲
亚洲
大洋洲
欧洲
欧亚大陆
中东地区

中国28%　　　　　　　　印度尼西亚1%
世界其他国家/地区 20%　墨西哥1%
美国16%　　　　　　　　巴西1%
印度7%　　　　　　　　　南非1%
俄罗斯联邦5%　　　　　　澳大利亚1%
日本4%　　　　　　　　　英国1%
德国2%　　　　　　　　　土耳其1%
韩国2%　　　　　　　　　意大利1%
伊朗2%　　　　　　　　　波兰1%
加拿大2%　　　　　　　　法国1%
沙特阿拉伯2%

世界各国二氧化碳排放比例（2019年）

富人度假胜地加拉帕戈斯群岛巴托洛梅岛

查卡拉巴提在承认不平等的同时，还强调了一个简单事实：地球遭到破坏，没有人能独善其身。从这个意义上讲，地球将"我们"视为平等的人，因为我们永远无法离开地球，救生艇就变得无关紧要了。然而，瑞士人类生态学家安德烈亚斯·玛尔姆和阿尔夫·霍恩博格对"救生艇争论"持批评态度。他们认为，"救生艇争论"存在瑕疵，忽略了最近一些灾难（包括飓风"卡特里娜"）造成的不同影响——某些群体尤其脆弱，而那些特权阶级则受到保护。玛尔姆和霍恩博格指出："在可预见的未来——实际上，只要地球上存在人类社会——

富人和特权阶级就会有救生艇。如果气候变化是一场大灾难，那么它并不是普遍性的，而是不均匀的、错综复杂的。"在之后的一段文字中，查卡拉巴提强调：人类毁灭性的生态足迹，正在导致公民身份和国家地位遭到否认，使人类成为无家可归者、环境移民和难民。

虽然玛尔姆和霍恩博格为了论证的需要，夸大了自身与查卡拉巴提立场的区别，但是他们二人得出了几个有关"社会"的更宽泛的观察结果。一方面，人类世对社会生活的影响是多方面的，这种影响不应该留给地质科学家去发掘，因为他们通常主导有关全球变暖的重

莫桑比克彭巴市（2019年）。遭受热带气旋"肯尼斯"造成的洪水侵袭后，两位年轻人驻留受灾现场

人类印记 当人类世来临，我们要谈些什么

大讨论，却无法敏感地察觉社会问题的细微差别。另一方面，虽然人类和地球的命运越来越紧密相连——就像有些人从"地理社会"角度看待问题，但观察者可能还是有必要区分社会影响和地质影响的。实际上，一些社会科学家和人文学者一直在解决最近几十年的一些重要问题。

中美两国是最大的温室气体排放国（截至2019年），二者排放量总和几乎占全球排放量的一半。不仅某些国家担负的责任比另外一些国家重，一些个人产生的碳足迹也尤为严重。2020年1月，《卫报》刊登了这样一则新闻报道——"乘坐私人飞机环球旅行'未能免除排放'"。据报道，50名富人阶级精英计划乘波音757私人飞机进行10趟为期23晚的飞行旅行，"住五星级酒店或旅馆，在世界上最著名的餐厅用餐，享用香槟"。这些是奢华的"救生艇"，但是它们无法长期经营下去：他们能参观的地方越来越少，而且他们只能短暂逗留。财富差异是人类世的一个普遍现象。财富过剩往往会造成巨大的环境影响，甚至会导致生态灭绝（自然世界的毁灭），使人们罔顾现实。财富过剩的一个副产品是鼓吹"气候怀疑论"、反对碳税。或许跟设置贫困线一样，全世界也需要对个人收入设置天花板，并制定严格法律框架，将生态灭绝列为犯罪。

具有讽刺意味的是，在中古英语中，"财富"一词的最初含义是"幸福"或"健康"。考

受灾地区的妇女和儿童

虑到积累财富造成的环境足迹之大，"财富"一词如今的含义已经和原意大相径庭，似乎包含了"环境不公正"，给他人带来不幸和穷困。2019年，随着地球高温纪录屡创新高，联合国警告未来可能出现"气候种族隔离"现象，也就是最脆弱群体和有能力避免高温危害的群体之间的分离，这会给人权、居住环境和民主造成巨大影响。很多人受困于毁灭性洪水，也有人死于高温天气。

人类世讨论中带有大男子主义偏见（正如有些人所谓的"男人世"），而且气候变化对女性造成的影响尤为严重，女性主义学者对此发出了挑战。在穷人当中，女性是最脆弱的群体，遇到压迫和灾难时，容易陷入贫穷、营养不良和污染的恶性循环怪圈。很多妇女遭受的暴力容易被忽略，医疗手段很可能只关注孕妇和孕妇腹中的胎儿。

当前这一代人身上呈现出的社会文化差异，跟语言和口音在人的成长过程中留下烙印是同样的道理。人们通常认为，性别、种族和

在 1944—1945 年荷兰冬季大饥荒期间，儿童喝汤充饥

社会阶级既是社会现象，也是生物现象，会一代代传承下去。如果人体存在独立于遗传学的"社会生物"记忆，那么它有可能会记住健康、贫穷、虐待和创伤。表观遗传学是一门逐渐发展的学科，在染色体分子层面探索代际遗传。

在涉及胎儿成长的环境影响方面，一项针对受1944—1945年荷兰冬季大饥荒影响的孕妇的研究被广泛引用。该研究追踪了大饥荒对接下来两代人的影响。由于第二次世界大战期间受到德国食品禁运的影响，荷兰有3万人死于饥饿。从那时开始的出生记录显示，大饥荒期间的孕妇生下来的孩子不仅体重过轻，之后患上糖尿病、冠心病、乳腺癌和其他癌症的概率也很高。表观遗传学这门学科仍然存在争议，但如果荷兰冬季大饥荒和类似研究证明了代际遗传的存在，那么人们可以想象到，逐渐明朗的人类世对子孙后代将会造成巨大影响，尤其是在那些污染与贫困最严重的地区和家庭。

第十七章

"不平等" 的人类世

正如我们所见，在当前人类历史重要时刻，人类世已经出现诸多关于环境变化的讨论。然而，一些社会科学家和人文主义者对滥用"人类世"这一术语的现象提出了挑战，指出当前的环境危机并不全是人类行为的结果，而是特定时间段特定人群的行为导致的结果。环境方面的著作（包括本书）经常使用这类句子："我们已彻底改变地球"和"我们的影响（即将）随处可见"。有人不禁要问："我们"到底指的是谁？

的确，关注我们之间的根本差异十分重要，尤其是社会不平等、地理、种族和性别方面的差异。当前的危机是人类特定历史阶段和特定经济形态——工业资本主义的产物。一些人认为，当前时代应当被称为"资本世"，而不是人类世。这同样会导致完全的资本主义，对世界上贫困地区小规模生产不加区分。与其将注意力完全放在替代术语上，而且其中一些术语几乎不会引起人们注意，比如"克苏鲁世"

（Cthulucene），也许在不同范围内探索人类社会的参与、责任和分裂的历史更加富有成效。

就像英国人类学家克里斯·汉恩所说的那样，重要的是，要"用真正长远的眼光看待我们的星球为何成为如今的模样"，以补充当前的人类世对日常生活的描述。多个世纪的地理、种族、文化差异和紧张局势导致世界各地出现了不同的发展轨迹，因此，我们可以宽泛地讨论不同的人类世。例如，欧洲的工业化迫使社会出现分裂，农民离开土地，为工厂和不断扩张的城镇提供稳定的劳动力。这些人和他们的子孙后代对人类世问题需担负的责任远远小于19世纪的贵族和工厂主。更重要的是，人类世工业主义、化石燃料开采和温室气体排放增多，背后的驱动力是征服新大陆、将数百万非洲奴隶贩卖到美洲种植园的欧洲殖民者。此前在发展中国家或"第三世界"（如今有时被称为"全球南方"）建立的殖民地对当前危机应担负的责任，远远低于之前作为殖民大国的所谓

肯尼亚达达阿布哈加德拉难民营里的一位索马里母亲和她的孩子（2011年）

尼日利亚拉各斯的垃圾

人类印记 当人类世来临，我们要谈些什么

发达国家或"第一世界"，或者冷战期间铁幕"背后"的"第二世界"应担负的责任。非洲一个从事农业、狩猎和采集工作的人对气候变化应承担的责任不能跟美国一家石油开采公司的CEO相提并论。

考虑到人类世的殖民地根源，最明显的地理分界方法是，将全球分为北方人类世和南方人类世（后者包括非洲、亚洲和拉丁美洲），它们有各自的历史和特征。美国人类学家加布里埃尔·赫克特强调，各个地方的人类世必定有所差异，于是他开始探索非洲人类世的可能面貌："当我们开始分析非洲而不是欧洲时，人类世会是怎样一副面貌？"非洲的矿产推动了工业化和核武器的发展，在地质记录中留下了能够持续上千年的明显踪迹。南非的工人挖掘含铀的矿石，很多人因此丧命。赫克特指出："'人类世'这个词虽然当时还不存在，但它已经深入一代代非洲年轻人的肺腑。"

当实施种族隔离政策的南非政府于1952年创办铀矿加工厂时，一场罕见的人类世环境灾难就此揭开了序幕。岩石中的砷、汞和铅等重金属被释放出来。这些重金属溶于水后形成有毒的"汤"，继续影响成千上万把它当作饮用水和洗澡水的人。这就是贫苦的南非人眼中的人类世。

人类世对身体的影响不仅与性别和社会阶层相关，还有明显的南北差异。赫克特谈到的其中一个非洲案例与空气污染有关。欧洲国家

尼日利亚拉各斯一个
被垃圾填满的湖泊

的柴油车受严格的排放限制而被淘汰，但是它们在包括拉各斯和阿克拉在内的非洲城市焕发了生机。"肮脏的柴油"冒出的浓烟盘旋在拉各斯城市上空，其所包含的微粒要比伦敦的高出13倍，对当地居民的健康和预期寿命造成了明显的不良后果。赫克特鼓励人们"站在非洲人的角度"思考问题："'他们'其实就是'我们'，没有'他们'，'我们'就不复存在。"

非洲政治科学家阿布迪拉希德·狄日耶·卡尔莫对非洲人类世持类似观点。卡尔莫指出，非洲虽然自然资源丰富、文化传统多样，却是"人类世的震中地带，自然资源遭受毁灭和掠夺成为常态"。卡尔莫继续说道，虽然殖民化仍在继续，但全球环境会议通常"对非洲人类世的厄运漠不关心"。如果是这样的话，它可能反映出地球科学机构对种族问题缺乏关注，而这些机构的权力往往由粗犷的白人男性把持。在探讨这一问题时，纽约哥伦比亚大学拉蒙特－多尔蒂地球观测所主管学术事务的副主任库赫莉·杜特称："当今地球科学面临的最大文化问题是缺乏多样性和包容性，而且这可能不是美国特有的问题。"鉴于这一状况，你在

位于约翰内斯堡索韦托最大的矿渣堆边缘郊区的格鲁特弗莱蛇园

人类印记 当人类世来临，我们要谈些什么

加纳首都阿克拉的柴油污染

第十七章 "不平等"的人类世

塞内加尔圣路易斯处于永久洪水预警状态

人类印记 当人类世来临，我们要谈些什么

与塞内加尔圣路易斯毗邻的朗格·德·巴巴里

看到全球环境论坛既没有关注非洲人类世，也没有关注亚洲和拉丁美洲人类世时，也就不会觉得奇怪了。

在当今环境讨论中，人们仍然持欧洲中心论，其中一个惊人表现是：国际媒体广泛报道历史名城意大利威尼斯近年来遭遇的洪灾，但是海平面上升对"非洲威尼斯"——塞内加尔的圣路易斯的影响却很少见诸媒体。圣路易斯曾是塞内加尔的殖民中心，此前一直处于永久洪水预警状态，如今快要被海洋淹没了。很多西非沿海城市面临类似的威胁。

由于人类世是特定历史经济形式的产物，尤其是20世纪末新自由主义的产物，因此，要想减轻人类世破坏和减少全球环境变化，就需要改变占主导地位的经济模式和金融实践——建立新的世界秩序。最重要的是，这个世界秩序除了要减少人类世的症状和影响，还必须考虑种族和地理方面的平等。

第十八章

第六次大灭绝

2019年，联合国发布的一份报告——《100万种物种受到威胁？》表明，当前有关环境危机的讨论不应该只关注全球变暖，还应关注生物多样性减少这个逐渐增长的严重威胁。在地球历史上，由于流星撞击或火山喷发，曾经出现过五次大灭绝。新一轮大灭绝，也就是由人类导致的第六次大灭绝，正在逐渐变得明朗。100万种动植物正处于大灭绝边缘，可能"在短时间内使地球上的大量动植物灭绝"。如果100万种物种（占地球已知物种总量的很大比例）灭绝，那么整个地球生态系统都会面临不可恢复的伤害。"正常"或幕后大灭绝是物种进化的一部分，20世纪80年代，英国地理学家伊恩·西蒙斯估计，其速率是每2000～3000年占总物种数量的1%。这一速率和联合国报告中强调的实际速率（大约870万种已知物种中有100万种面临灭绝）形成的鲜明对比令人震惊。人类世物种灭绝的规模如此之大，是人类一手造就的。

从亚里士多德算起，西方人往往认为，万物自有存在的理由，不会消失（更别提人类了），除非明显缺乏存在的意义。同样值得注意的是，西方人想当然地认为，人类文明的标志——道德和正义在自然世界根深蒂固。结果就是，大灭绝即使有可能出现，这个可能性也是微乎其微的。他们认为，物种可能会暂时从眼前消失，从一个地方迁往另一个地方，但绝不会永远消失。直到18世纪，尤其是通过哲学家伊曼努尔·康德的著作，这些观点才受到挑战。康德认为，道德和正义不是自然世界的组成部分，而是人类建构的。如果人类不留意，那么物种可能会完全消失。其他因素也会挑战关于大自然和人类状况的公认观点：新大陆的发现和工业化孕育了新思想，从而使世界得到进一步扩展。

人类也可能无法摆脱大灭绝的命运。很有可能出现的情况是，曾经被视为地球主宰者的人类，会从自己亲手用工具和智慧打造的地球

濒临灭绝的夏威夷僧海豹在太平洋的库雷环礁被渔具困住

海冰对北极熊的
生存必不可少

"反抗灭绝"激进分子身穿红袍，在伦敦自然历史博物馆大厅举行"卧躺抗议"（2019年4月22日）

上消失。卡尔·冯·林奈在1758年的综合性分类体系中，将人类纳入其中。稍晚些时候，法国哲学家德尼·狄德罗称，人类可能会灭绝，但是其他物种会在某个节点重新出现。在大海雀即将灭绝的1836年，意大利作家贾科莫·莱奥帕尔迪称，即使人类灭绝，"地球也会照样运转"。人类大灭绝的可能性被越来越多地提上议程。会有人怀念我们吗？一旦人类灭绝，没有一个人可以讲述生命的历史，这一点也变得无关紧要了吗？地层委员会可能会名存实亡，不再有地球科学家记录人类在地层中留下的"金钉子"，并公开宣布人类世的事实。

1830年，漫画家、插画家兼地质学家亨利·德拉·贝切质疑历史循环、物种再现和人类终结这类观点。他的其中一幅漫画显示，人类成了化石，被丢弃在地面上，而鱼龙则四处自由行走。人类可能面临的大灭绝到底是悲剧还是幸事？谁会有幸成为地球上仅存的那个人？这类问题和担忧不再被视为科幻小说中才会出现的现象。在不久的将来，它们无疑会变得越来越紧迫。

重新思考灭绝的概念如今似乎变得很重要。灭绝不是以最后一个生物体死亡为标志的单一事件，而是一个漫长的历史过程，会带来一系列重大结果。大海雀灭绝实际上是从17世纪纽芬兰芬克岛的屠宰场开始的，而不是1844年6月3日的冰岛。试图阻止灭绝的每次努力都应当留意灭绝的出现、后果、联系、背景和潜在临界点。物种不会因单一事件而出现，而会通过团结、相互照应以及栖息地提供的庇护和营养来进行世代的自我更迭。

如今，人们明白，物种实际上在最后一个生物体死亡之前很长一段时间就已经灭绝了，一些物种会在濒危列表中存在一段时间，在动物园、保护区或实验室接受集中保护——待在"死亡区"，等待必然事件的发生，就像已故美籍澳裔人类学家黛博·比尔德·罗斯所描述的那样。物种随时间消逝，但仍然活在其他幸存物种的关系和记忆中。

大灭绝已经成为一项重大国际担忧。"灭绝

亨利·德拉·贝切的漫画《可怕的改变》，标题为"化石状态下的人类，鱼龙再现"（1830年）

研究"是一个不断发展的跨学科领域，旨在探索灭绝的影响、灭绝在不同情境下的表现。"反抗灭绝"和各种绿色运动及机构同时在公共和私人领域应对大灭绝这一难题。生物多样性研究组织向人们发放"濒危物种安全套"，想通过这一"有趣而又独特的方式，让人们打破禁忌，谈论人口增长和野生动物灭绝危机之间的联系"。

在人类世，地质史和人类史已经从根本上相互交织在一起，以至于人们不能再仅仅谈论地球"本身"。虽然在牛顿生活的那个年代，他对不可避免的自然灭绝和由人类引起的灭绝的区分站得住脚，但如今，人们需要进行彻底的重新思考，因为它没有为未来处理人类世变革指明方向。这类思考的前提是，要承认人类当前面临的环境危害前所未有、规模巨大。人类世可能会成为人类自身造成的浩劫，对全人类的生命造成威胁。

生物多样性研究组织发放的"濒危物种安全套"

第十九章

忽视与否认

要想做出民主决策，至关重要的是，要创建准确信息，反映地球状况和人类影响的规模。然而，考虑到问题的复杂性和报道的多样性，要做到这一点并不简单，大众往往迷失在众多相互矛盾的政治声明和科学报告中。一些政治领导人和专家继续宣称，全球变暖子虚乌有，即使存在，也不是由人类活动导致的。尽管全球气候专家在很多问题上未达成共识，但

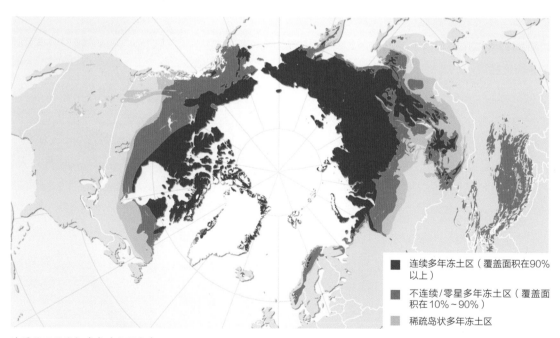

连续多年冻土区（覆盖面积在90%以上）

不连续/零星多年冻土区（覆盖面积在10%～90%）

稀疏岛状多年冻土区

地图显示了北极多年冻土区分布

美国亚拉巴马州伯明翰市的一家 U. S. Pipe 工厂排出的重工业烟雾

是他们曾反复证实，气温上升部分是由人类活动造成的，人类活动正在将地球推向"临界点"。

英国社会学家林赛·麦戈伊将"战略性忽视"定义为"在更宽松的环境中调动、制造或利用未知事件，以逃避先前行动责任的任何行为"。麦戈伊还指出，战略性忽视指"人们以一种攻势而不是防御态势制造或者放大未知事件，为将来制定政治举措赢得支持"。长期以来，战略性忽视在环境讨论中屡见不鲜。众所周知，蕾切尔·卡森曾在1962年出版的《寂静的春天》一书中与战略性忽视做斗争，这一行为逆转了美国的杀虫剂政策，掀起了一场运动，促成了美国国家环境保护局的建立。最近，卡森的这本书以及书信和其他作品再次出版，揭示了她的个人勇气。

另一个关于战略性忽视的生动例子是，罗伯特·普罗克特在2012年出版的《金色大屠杀》一书中讨论的压制人们对烟草健康危害的担忧。普罗克特通过分析此前烟草行业机密文件——《巴拿马文件》，揭露了烟草行业全面控

2019年新年前夕，澳大利亚马拉库塔的家庭疏散

人类印记 当人类世来临，我们要谈些什么

制公众意见的丑恶行径。如今我们知道，烟草公司密谋通过出资、欺诈和游说等手段来压制烟草致癌的证据。

这些例子是否跟全球变暖的辩论存在相似之处？最近的估计表明，世界上最大的石油天然气公司每年花费大约2亿美元游说。令人震惊的教训出现在2019年和2020年，澳大利亚风暴性大火造成数十人丧生，摧毁了成千上万座房屋，烧死了5亿多只动物，导致某些物种灭绝，毁坏的土地面积跟奥地利国土面积相当。以澳大利亚前总理斯科特·莫里森为首的澳大利亚当局继续否认全球变暖和人类责任，将这次野火视为孤立事件。即使是浓烟笼罩悉尼，人们能直接通过呼吸感受到，也无法避免否认。2019年12月中旬，随着风暴性大火开始肆虐，莫里森在未告知公众的情况下前往夏威夷度假，这时候很多人才发现不对劲。澳大利亚媒体（包括澳大利亚新闻集团）在报道大火时继续混淆视听，认为大火是由纵火犯造成的。在这种情况下，只有极端战略性否认才能压制人们对更广泛的气候变化及其形成方式的认识。

澳大利亚森林专家汤姆·格里菲斯指出，虽然从1851年开始，致命野火就已经在很多澳大利亚丛林居民"记忆深处留下深刻烙印"，但是最近的野火无论规模还是强度都大得超乎寻常。最近几十年，澳大利亚人开始区分连年出现的"丛林火"和几十年一遇的"风暴性大火"，并在日历上记录下特定大火的名字，例如2009年的"黑色星期六"风暴性大火——跟20世纪50年代后国际气象台命名飓风的方式有些类似。如今，澳大利亚人正在扩充词库，其中也包括"大火"，以充分体现"丛林火"大规模合并的情形。用格里菲斯的话说就是，"一个个黑暗日叠加在一起，已形成残暴的夏天"。上千年来，因纽特人需要用一套复杂语言来描述"雪"，以适应北极地区的地形。与此类似，澳大利亚人如今需要一套详细的人类世术语来描述"火"，以反映当前大火在规模和本质方面的细微差别。

在澳大利亚人看来，用"大火时代"这个词描述这个新时代并非用词不当。值得注意的是，澳大利亚原住民对大火危机的体验与外来民族有着巨大差别。前者认为，以早期人类世方式出现的移民-殖民主义至今仍然是活生生的经历。他们对世代传承的土地具有强烈的认同感，如今土地被占用、管理不善、疏于照管，使他们的悲痛之情变得尤为严重。

澳大利亚官方否认事实，可能看起来令人困惑。然而，它已经深深扎根于国家政治和经济利益中（尤其是围绕化石燃料）。值得注意的是，2014年，毁灭性的"黑色星期六"风暴性大火仅仅过去5年，澳大利亚政府就向西澳大学拨款400万澳元建立了一所"舆情中心"，并聘请丹麦经济学家比约恩·隆堡担任中心主任。隆堡在2011年出版《多疑的环境保护论者》一书后，就成为国际知名学术否定论者。在丹麦，隆堡因科学欺诈而受到正式指控，政府人员发现他在著作中通过歪曲科学事实搞科

澳大利亚比尔平镇外
的丛林大火（2019年）

学欺诈。隆堡批判2012年联合国环境与发展会议，称"全球变暖绝不是我们面临的主要环境威胁"。西澳大学接受了提议，决定为隆堡创建研究中心，结果引发了激烈反对。虽然西澳大学最终撤回了决定，并拒绝了提议，但澳大利亚政府投入大笔公共资金支持隆堡，以及计划建立研究中心这一行为显示，政府一直未能处理逐渐明朗的气候事件，如近年来频发的风暴性大火。

有趣的是，2011年曾在封面上刊登地球燃烧巨幅图像并配上"欢迎来到地质学的新纪元——人类世"口号的《经济学人》也为隆堡辩护。在《思想控制》这篇文章中，《经济学人》认为，隆堡的著作"根据一系列有关地球状况的无争议的数据，评估了不断向公众灌输环境警报的'陈词滥调'"。隆堡已成为"伽利略假设"的合适代言人。在该假设中，一个受到迫害、不合群的人对建立在误导性科学范式基础之上的政权吐露真言。根据最近的洪水、极端天气、丛林火和灭绝报告，以及过去十来年的气候科学预测，这一"伽利略假设"听起来并不能令人信服。澳大利亚政府仍然坚持采取不干涉政策。非营利性智库"新气候研究所"的研究发现，在57个样本国中，澳大利亚的气候政策排名垫底。用诺贝尔经济学奖获得者保罗·克鲁格曼的话说就是："澳大利亚向我们展示了通往地狱之路。"

在澳大利亚风暴性大火肆虐期间，虚假消息就像流行病一样四处传播。传播虚假信息的渠道既包括 Twitter 等社交媒体，也包括鲁伯特·默多克的《澳大利亚人报》这样的报纸，它们一律否认气候变化。这些情况表明，存在明显的虚假信息运动，将注意力从澳大利亚当局的失败和全球变暖的广泛科学共识上转移开来。如今是"虚假消息"满天飞的时代。

布朗大学的一项针对大量 Twitter 帖子的研究，向人们展示了电脑生成的帖子是如何用于否认气候科学的。电脑生成的帖子占"伪科学"总帖子数的38%，有组织地扭曲和误导网络舆论。有时候，这些帖子的影响还会被那些愿意付费传播的人放大。这类行为不得不令人怀疑，在有关全球变暖的关键论述上，人们的观点要比实际情况更加多样化，从而削弱了公众对科学的支持力度。说到这里，不由得让人想要引用马克·吐温有关数字说服力和三种谎言的论述："谎言，该死的谎言和统计数字。"

否认气候变化者往往认为，他们的意见（有关人类世变化辩论的"另一方"）得到了充分体现，理应获得以平等的身份参加谈判的权利。这就相当于在谈论公众健康问题时邀请烟草公司成为另一方。实际上，否认气候变化者系统性地避免公平竞争，在辩论中舍弃科学事实。例如，在短短3年时间内，美国政府在制定联邦政策时，已普遍将科学观点排除在外，叫停或者阻碍全国针对昆虫危害、环境污染、气候变化等各种问题的研究项目。科学也会受到偏见、否认、忽视和曲解的影响。针对气候历史，虽然永远不可能有完美的最终科学定论，但从长远的角度来看，明智的做法是相信科学界达成的共识。如果我们罔顾"事实"——无论"事实"多么凌乱、多变和复杂，我们就可能无法及时适当规划并采取行动。

袋鼠从澳大利亚风暴性大火中逃生

人地合一

可能一直以来，人类都认为地球是有生命的。虽然我们很难对不同的文化和时代进行概述，但总体而言，似乎直到最近，人类都认为地球是个有生命的实体，人类和土地没有出现过重大分离。从包括北极、斯堪的纳维亚半岛和亚马孙河流域的世界各地收集的历史证据表明，人类从属于土地，而不是支配土地。例如，在古代斯堪的纳维亚半岛，人类与土地的关系难解难分，那里的人将土地视为自身本性的延伸，土地代表着社会荣誉。人类和土地构成了一个单一实体、一个扩展的家庭，需要集体维护和照顾。意味深长的是，"个体的"这个词的最初含义是"不可分割的"。当人类开始将自身与土地分离，探索土地是否为外在实体，而不是保持人体完整性的必要组成部分时，人类世就开始成为可能，并最终成为现实。

文艺复兴时期，随着14世纪和15世纪商业的扩张，人们开始从根本上重新考虑世界一体的概念。欧洲艺术很好地体现了这一转变。受

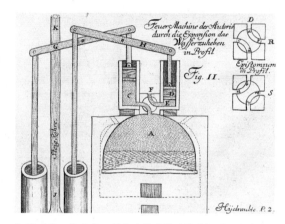

机器时代。雅各布·利奥波德设计的蒸汽机（1720年）

古希腊哲学和中世纪教会的影响，意大利画家认为，世界是静态统一的。在他们看来，二维空间的油画布可用来赞颂神圣的设计和生物。与此形成对比的是，在文艺复兴晚期，绘画艺术聚焦人类活动及其在自然和历史中的地位。文艺复兴时期的画家通过不懈努力，在艺术领域取得了令人惊叹的成功，典型代表就是透视法。短期内，自然成为一种可量化的、被人类

未运用透视法——《哀悼耶稣》局部，乔托·迪·邦多纳创作

透视法的运用——《摩西生平》，桑德罗·波提切利创作

据为己有的三维世界。用艺术批评家欧文·潘诺夫斯基的话说，这种"积极治疗法"是一种彻底的背离。如今，人类认为可以将自身与自然世界分离开来，并站在远处观望，这是人类世的前兆。透视法是一种强大且富有成效的创新，为现代科学铺平了道路，但它也是需要付出代价的。

值得一提的是，人类与土地合为一体的概念留存了下来。许多20世纪人类学记载证实了对土地与人类的统一性和活力的担忧，其中一项记载描述了哥伦比亚乡村的"生计经济"，也就是人体扎根土地方式，以及人们"照看地基"的方法，似乎土地成了人自身的一种延伸，保持自身的力量，从而确保可持续性（借用现代的环境术语）。换言之，在哥伦比亚农民看来，社会关系和自然、世俗关系密不可分。

过去几十年里，客观存在的地球与人类社会生活之间的二元对立观日益受到挑战。尤其是，人类世，或者更准确地说是对人类影响和人类对地球的依赖的认识，要求重新调整社会和地质因素。在人文和社会科学中，"社会的"这个术语长期毫无争议地成为人与人之间关系的简约表达。如今，许多人不仅将"社会性"这一观念延伸到其他物种和动植物身上，还将其延伸到物质方面，包括岩石和山脉。

在很多人看来，根据普遍标准，地质方面的事物和形式似乎不会介入社会生活：它们似乎不具有内在生命，不会抗争，不会新陈代谢，不会繁殖或者做出回应。然而，在各个学科中，越来越多的学者正在通过发明新术语，思考地球与人类之间的关系，严肃对待物质层面。因此，地球科学家对与物质世界交往持更加开放的态度，这点从有关人类世的地质论述（论述强调人类与地质的合并）中可以看出。一

冰岛韦斯特曼纳群岛埃尔德菲尔火山

日本东京附近的秩父珍石馆

些人文学科的学者、社会科学家和艺术家同样从相反的视角谈到自己所在领域的彻底转变，即社会环境物质化。

其中一个例子是"地质亲密关系"这一概念的出现，将人们的注意力吸引到人类自身对物质自然的依恋方式上。"地质亲密关系"这个词是由美国艺术家艾拉娜·哈佩琳发明的。2003年，哈佩琳为自己和埃尔德菲尔火山（位于冰岛韦斯特曼纳群岛，1973年才冒出海平面）发布了一项公开生日聚会邀请："你可能要问，我是否在认真对待这次邀请，我的回答是：绝对认真。想想吧，我和一块陆地（几乎）同时年满30岁，这种事情一生只会发生一次！祝我们好运，火山口见！"生日当天刮起了风，山上的蜡烛忽闪忽灭，但生日蛋糕十分美味。几

个月后，哈佩琳的生日场景在她的艺术品中得到展现，而她展现自身与地球亲密关系的作品也得到了广泛传播。这些抒情作品提醒人们留意地球、国际关系和生命中巧合事件之间千丝万缕的联系。

还有一位与物质世界交往的人——美国政治科学家简·班内特，她试图"明确表达一种充满生机的、存在于身旁或体内的物质性，看如果我们对事物的力量多加称赞的话，有关政治事件的分析会发生怎样的改变"。毕竟，人类的组成元素跟地球的（氢、碳、硫等）相同，没有这些元素，人类就无法存活，有时候人类无法忽略它们的存在（想想将石头与人体结合的胆结石就知道了）。就像俄罗斯化学家弗拉基米尔·伊万诺维奇·维尔纳茨基所说的那

样："地壳的物质被装进了无数移动的生物中，生物的繁殖和生长能在全球层面创建和分解物质……我们是行走的、会说话的矿物。"

"地质社会性"这一概念试图总结这些在几乎所有学术研究和艺术中明显存在的观点。现代研究和艺术中的一个重要主题是，探索在出现极端天气、冰川消退和其他人类世发展之后人类与地球关系的变化。我们可以像对待同类和动物王国那样，与岩石、山脉、河流、冰川产生连接与共鸣吗？实际上，答案是肯定的，而且经常是以与中世纪或更古老的土地归属感观念遥相呼应的方式。

2017年，新西兰政府授予北岛圣山——塔拉纳基山与人同等的合法权利。此举是为了回应毛利部落获取地方和身份尊重的需求，为毁约和未能兑现承诺道歉，保护旅游业不再受到伤害。塔拉纳基山是座火山，最近一次喷发是在1775年，毛利人将它视为亲属甚至家庭成员。

"地质社会性"是人与地球相互交织的结果，要求人类关注地质在不同文化和人群中是如何起作用的。日本东京附近的一家博物馆展示了"地质社会性"的一个惊人案例：秩父珍石馆展出了900块类似人脸的岩石。

人们不应当将"地质亲密关系"和"地质社会性"仅仅视为过去的琐碎或奇异之物，而应当将其视为希望之灯塔——要是更多的社会群体愿意与自然产生共鸣，气候危机的威胁还会如此严重吗？

新西兰塔拉纳基山

143
第二十章　人地合一

第二十一章

冷却火山岩浆

19世纪美国环保主义者乔治·珀金斯·马什称："没有一个物理学家曾设想过人类可以防止火山喷发，或者减少火山从地球内部喷发的岩浆数量。"尽管马什列举了历史上改变火山岩浆流向的案例，有些甚至能追溯到17世纪，但是范围极为有限。当时还未出现"人类世"这

冰岛韦斯特曼纳群岛火山喷发的早期照片

一概念，但是我们难道不能将冷却火山岩浆作为人类对地球造成大规模影响的一个测试案例吗？1973年，在冰岛韦斯特曼纳群岛意外出现了这样一次机会，人类成功地于火山喷发期间在岩浆中留下了痕迹。马什曾认为，人类在面对火山岩浆流动时"无能为力"，也许此次事件对马什这一观点的挑战最大。

韦斯特曼纳群岛的主要居民点位于大陆南端，1973年初那里大约有5000名居民。这个天然的港口靠近鱼类丰富的渔场，为芬兰最大的捕鱼业提供了安全的停泊处。1973年1月23日，位于市郊的埃尔德菲尔火山喷发。半夜，随着一声轰鸣声响起，大地突然开裂，炙热的火山岩浆喷向天空，沉降后直逼港口。

岛上的居民虽然在火山刚喷发时受到了惊吓，但在接近凌晨两点醒来之后，立即采取了行动。在短短几个小时内，大多数居民就从波涛汹涌的海面安全转移到最近的大陆港口。接下来人们关心的是，如何防止房屋被暴雨般的火山灰压塌，并最终使火山岩浆改变方向，以免港口遭到毁坏。

一位略显古怪的物理学教授托尔比约恩·西于尔格兹松想出了一个办法——冷却火山岩浆。他建议向不断逼近的火山岩浆前端洒

埃尔德菲尔火山喷发时韦斯特曼纳群岛遭到威胁的渔港和社区（1973年）

火山喷发期间拍摄的4张
韦斯特曼纳群岛延时照片

水，以减缓或阻止岩浆流动，当务之急是先调动当地消防队的消防车。大多数冰岛人认为，这一方法荒唐至极，在炙热的火山岩浆边上"撒尿"不可能驯服大自然的力量。

接下来，复杂的故事徐徐展开，有时候被称为"火山岩浆阻击战"。最初的冷却似乎起到了一些作用，但西于尔格兹松等人认为，消防车的水压还不够大，起不了多大作用。火山口接连喷发后，火山岩浆向北流向港口，向西流向小镇，很多房屋坍塌或惨遭焚毁。西于尔格兹松说服当局，安排效果更好的水泵往岩浆上洒水，规模空前。危急关头，分秒必争。冰岛与美国达成协议，40台大功率水泵被迅速运往韦斯特曼纳群岛。

机械工程教授瓦尔迪米尔·琼森临危受命，负责安排用水泵洒水，而西于尔格兹松则根据火山岩浆的动态每日制定战略。水明显起到了冷却火山岩浆边缘的作用，但岩浆流动产生巨大的压力，反复使刚刚冷却后产生的岩浆壁面临毁坏的危险。随后，用水泵洒水的人员只能带上水管不断靠近火山口，在推土机和起重机的帮助下将水喷洒在岩浆上。这对身处岩浆前方的人员而言是一项危险举动，因为他们的靴子可能会被烧坏，他们可能被困。水管的设计、协调和部署（先是用钢和铝，接着是用塑料）是一项工程壮举。经过数周集中洒水，来回不断移动水管和人员，火山岩浆转而向东流，远离港口，流入海洋。美国地质调查局称，这是人类有史以来在火山喷发期间控制火山岩浆流动的最伟大壮举。最终，火山平静了下来。1973年7月3日，西于尔格兹松和同事进入火山口，宣告火山喷发结束，众人欢呼雀跃。韦斯特曼纳群岛的居民得以重返家园。

人们向火山岩浆指定区域大量喷洒海水，明显减缓和凝固了快速移动的火山岩浆，使重要的捕鱼港口和一些房屋免遭毁坏。作家约

消防员从电站处撤退

消防员冷却小镇边缘的火山岩浆

翰·麦克菲在记载此次事件时称，此次喷洒的水量相当于"把尼亚加拉大瀑布搬到岛上流动半个钟头"。虽然人类也曾在很多其他活动中深入固体岩石，尤其是在采矿和挖掘隧道方面，但是这次活动明显不同。人类成功冷却火山岩浆，在岩石形成的过程中将人类的影响镌刻在了岩石中，开启了历史新篇章。结果是，形成了一种奇特的水淬石。麦克菲称："在火山岩浆流动的自然规律中，水淬石完全是反常的。从

某种意义上讲，它是人造的。当人类的作用达到一定水平后，新地貌的演化就不再纯粹是自然的了。这一事件不再单纯是上帝的行为。"

如今，韦斯特曼纳群岛上的居民用多种方式纪念埃尔德菲尔火山喷发，部分是为了应对这次喷发造成的创伤。每年七月，岛民都会集体庆祝火山"关闭"。2014年，一家名为埃尔德海玛（"火焰的世界"）的火山博物馆建成了，博物馆里展出了火山喷发时的图像和纪实

火山喷发期间韦斯特曼纳群岛上的小镇东部

人们进入韦斯特曼纳群岛埃尔德菲尔火山口的底部，宣告火山喷发结束。右一为冷却火山岩浆的设计师托尔比约恩·西于尔格兹松

影片。该博物馆有时被称为"北方的庞贝"，它建立在一所被火山灰毁掉一半的房屋旁，展示了房屋过去的主人是如何在未接到警告的情况下仓皇逃走的，就像日常生活中一样，将房屋里的所有物品留在原地。

火山的力量和作用巨大，通常不受人类或其他生物的影响。虽然火山明显是冷却韦斯特曼纳群岛岩浆这一故事中的主角，将炙热的岩浆从地球深处转移到地球表面，四处喷发，

但是还有其他角色在起作用。港口和沸腾且不断移动的火山岩浆处的水泵和水管的液压装置——由柴油和汽油（又是地球上的地质材料）供能的精巧装置，起到了关键作用。在冷却火山岩浆的过程中，水泵不仅拯救了港口和社区，还促进了很多其他行为：安排合作和精心准备叙事，通常用讽刺和幽默的口吻描述火和地球，以及人类是如何介入火山活动的。

第四部分

希望尚存

PART
4

IS THERE
HOPE?

错过的机会

记住目前积累的有关地球遭到破坏和人类面临挑战的所有证据后，接下来该怎么做，应当显而易见了。然而，事实并非如此，部分原因是，人们不相信科学。为何会出现这种情况？两个历史案例有助于解释背后的原因：一个是臭氧层的例子，这是一则关于成功的故事，为人们保持乐观主义态度提供了依据；而另一个则是令人悲伤的故事，也就是所谓的"气候门"事件，在人们心中埋下了否认和怀疑的种子。全球环境危机给人类认知和话语权带来前所未有的挑战，其中一些挑战与直接认知的局限性、不可避免地依赖虚拟表征有关。美国环境史学家威廉·克罗农曾在1996年说道：

……我们似乎面临的一些最引人注目的环境问题……主要存在于复杂的计算机模型对自然系统的模拟表征中。例如，我们对南极洲上空臭氧层空洞的认识，高度依赖机器处理大量数据生成我们永远无法直接看见的大气图的能力。没有人看到过臭氧层空洞。然而，真正的问题可能是，我们对臭氧层空洞的认知只能通过虚拟形式加以呈现。

如今，臭氧层空洞已经不再是公众热议的话题，但是，在20世纪七八十年代，该话题主导了环境讨论，是全球热议话题。

臭氧层（或叫臭氧保护层）位于地球平流层，含有大量臭氧，能吸收大部分有害的太阳紫外辐射。如果没有臭氧层，地球上就会出现大量因癌症而死亡的人，农作物也会减产。德国化学家克里斯蒂安·弗里德里希·舍恩拜在1839年发现了臭氧。此前，舍恩拜曾在电解水实验中闻到一股臭味。他将实验生成的这种未知物质命名为"臭氧"，该词起源于希腊词语ozein（臭味）。臭氧层所在高度是珠穆朗玛峰海拔的两倍，这是法国物理学家查尔斯·法布里在1913年发现的。人们过去一直以为，这个保护层必定永恒存在，不受人类影响，因此不

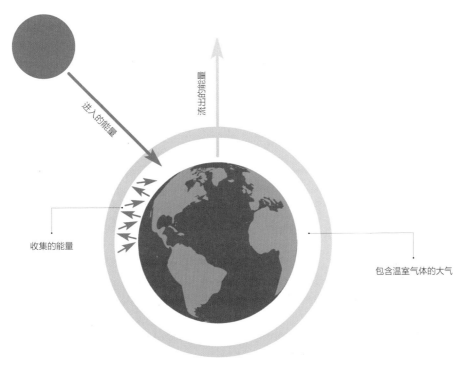

进入的能量

流出的能量

收集的能量

包含温室气体的大气

臭氧消耗和温室效应

必担心它会消失。

然而，1974年发表的两篇科学论文改变了这一观点。论文作者、美国化学家弗兰克·舍伍德·罗兰和马里奥·莫利纳认为，排放到大气中的氯正在破坏臭氧层。二人凭借这一发现获得了1995年的诺贝尔化学奖。同时获奖的还有保罗·克鲁岑，他后来推广了"人类世"这一术语。臭氧层的发现令世人震惊。人们很快就找到了罪魁祸首：喷雾罐、冰箱和其他相关人类产品中的氯氟烃正进入大气层，破坏臭氧层。这些发现颇具争议，但是1977—1984年出现的证据明确显示，南极洲上空的臭氧浓度相比1960年的基准线猛跌40%以上，将人类和其他生物暴露在越来越高的危险紫外辐射下（紫外线能分解有机分子）。

20世纪80年代末，科学界和公众普遍意识到氯氟烃的影响，以及人类不应对这种影响视而不见。喷雾罐和冰箱制造商没有提出重大反对意见。联合国环境规划署牵头开展国际讨论，促成49个国家于1987年签署了《蒙特利尔议定书》。《蒙特利尔议定书》规定，到2000年，将氯氟烃的年生产量和消费量减少到1986

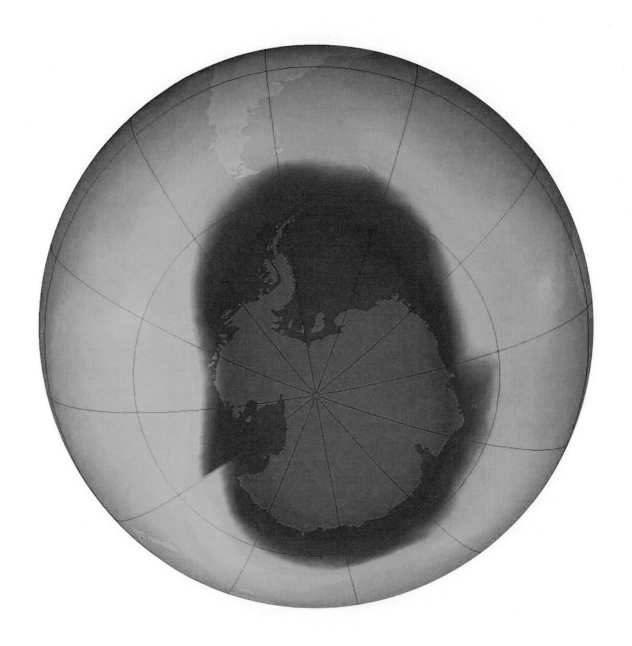

南极洲上空最大的臭氧层空洞（2006年9月）

人类印记 当人类世来临，我们要谈些什么

年的50%。随后各国出台了更严厉的措施，旨在逐步淘汰氯氟烃。"临界点"并未到来，但是全人类有效地控制住了臭氧问题，避免了无法挽回的伤害。这是一则关于进步和成功的故事。

可能有人会认为，全球变暖也会呈现相似的发展轨迹，人们会就基本事实、关键问题和有效措施达成一致意见。早在《蒙特利尔议定书》签署前6年，詹姆斯·汉森和同事就曾指出全球变暖的进程和危害。然而，全球变暖问题很快就不受控制，给全世界有关气候变化的讨论造成了持久的不良影响。其中一个驱动因素是"气候门"事件。如今"气候门"事件已基本被世人遗忘，尽管在谷歌和相关文献中仍然能看到大量相关消息。

"气候门"事件发生在2009年，当时，有人入侵了东安格里亚大学气候研究小组气候科学重点实验室的电脑。没过多久，1000多封邮件和大约3000份气候资料被提取并上传到俄罗斯托木斯克的服务器上，最终通过邮件和网络在全球传播。批评气候科学家的人士在读过这些材料后表示，全球变暖是个"骗局"——泄密资料显示，存在操纵数据、镇压反对意见和缺乏"透明度"的现象。

很大一部分讨论聚焦于对全球气温的推断部分基于树轮这种气候资料"替代物"。东安格里亚大学气候研究小组主任迈克尔·E.曼宁绘制了所谓的"曲棍球杆曲线"，显示最近这些年气温在不断上升，该曲线图备受争议。评论家（其中一些自称"否认者"）称，曼宁和同事篡改了数据，欺骗读者，是为了让气候资料更加令人信服。"气候门"事件为世人敲响了警钟。在维基解密和巴拿马文件出现的当今，也许将"气候门"称为"气候文件"更加合适。

这些文件的披露引发了英国乃至全球公众的激烈讨论，媒体争相报道，气候科学家做出回应，公众正式询问。当时正处于紧要关头，入侵东安格里亚大学气候研究小组电脑可能并非出于偶然。"气候门"事件正赶上当时召开的哥本哈根世界气候大会，严重阻碍了国际应对全球变暖的努力。在接下来的几年里，随着气候否认者人数日益增多，遭到破坏的"曲棍球杆曲线"在一些地方焕发了新的生机，例如在由石油大亨资助的科学智库中，以及在位于美国华盛顿哥伦比亚特区的加图研究所（该研究所倡导个人自由，反对政府过度控制）中。修复逐渐稀薄的臭氧层的成功迷失在了这场风暴中。

如今，新形式的开放、合作层出不穷，同时还有新形式的参与和约定（例如公民科学、用户主导的创新、参与式感知）。"气候文件"被披露十年之后，我们最终可以发现，与气候资料"替代物"相关的问题带有夸张成分，评论家的纯科学观点似乎过于天真、不合时宜。同样，部分科学家还停留在过时的知识分子象牙塔中，很少能处理公众对环境的担忧。

让我们回到"水族馆"这个概念上。水族馆对参与者和观众、外行和专业人员、自然和社会做出了区分。"气候门"事件虽然影响范围

美国华盛顿哥伦比亚特区的加图研究所

有限，但是十分重要，展示了科学界与更广泛的人群之间的不信任、假新闻的危害和媒体日益重要的作用。至关重要的是，人类要以史为鉴，当今的记录和最近的证据明确表明，全球变暖正在加速，并且与极端天气、大规模洪灾紧密相关。

美国众议院能源独立和全球变暖特别委员会、美国能源解决方案集团的成员参加"气候门"事件新闻发布会（2009年）

第二十二章　错过的机会

地球工程学

人类运用专业知识和强大的水泵系统，冷却了韦斯特曼纳群岛上的火山岩浆，有人可能忍不住要将其视为"人类反抗自然"的孤立而又天真的战斗。实际上，这一项目与更大的进展——尤其是美国军事设施、核能发展和冷战——密切相关。一方面，美国的水泵与军方存在关联，因为这些水泵此前曾被用于冷战当中。负责冷却火山岩浆的设计师也曾加入哥本

防洪大坝上的泄洪道

平流层气溶胶注射，可以通过使全球变暗来抵挡太阳辐射

哈根的一家部分聚焦于核能研究的顶尖实验室，与尼尔斯·玻尔及其同事共同受训。实际上，1973年火山喷发期间的"火山岩浆阻击战"爆发的部分原因是对"行星"级地震和不寻常天气的军事担忧、破坏性气候变化将导致人类世担忧的前兆出现，以及通过工程学手段转移火山岩的可能性。

最近，工程学在人类世的讨论中扮演着越来越重要的角色，几乎对有关气候与行星的任何情况都提供了观点和解决方案。过去几十年里，无论微小的技术改进，还是大规模干预以阻止大气中的二氧化碳含量呈线性增长，莫不如此。人类的创造性和工程学已明显在很多领域取得大量成果，人类已学会采集太阳能、利用核能。同时，人类也造成了越来越多的环境问题，并且这些环境问题没有明确的解决方案。

数十年来，人类采用适应和缓解这两种实用方法来应对全球变暖，是基于这样的假设：

人类还有足够的时间试验，将二氧化碳含量降至安全水平，造福于地球未来。其中一些关键举措包括设置碳税与碳排放配额、扩大森林面积和提倡使用包括太阳能在内的可再生、非化石能源。长期以来，主流经济学家认为，二氧化碳水平翻番要100年的时间，这样人类就会有足够的时间使市场手段生效。人们认为，改变机械、建筑和洪水控制系统的速度要比全球变暖的速度更快。

如今，人们已经明确知晓，二氧化碳水平上升速度比以往想象的要快得多。同样，虽然市场这只"无形的手"和财政手段也许能解决某些问题（例如，对塑料瓶收费会影响塑料瓶消费和处置），但总体看来，这样只会使形势更加混乱。同时，在很多情形下，缺乏国际承诺和政治抵制，以致气候变化否认论和化石燃料开发甚嚣尘上（在美国和挪威这样文化和政治背景迥异的国家）。结果就是，人类的紧迫感（如果不是恐慌感的话）逐渐增强。在很多评论家看来，是时候严肃对待两个领域了，即地质工程（通过别出心裁的化学方法和技术解决碳排放问题）和彻底改造社会，以改造那些重资本轻生命、重私人利益轻集体利益的势力——类似某种绿色新政。

"地质工程"这个术语曾与开采和提炼化石燃料联系在一起，如今已经扩展至其他方向，甚至扩展到了宇宙，也就是所谓的"气候工程学"：改变阳光抵达地球的方式，以限制地球能量预算。这可能需要通过空间反射镜、平流

印度尼西亚首都雅加达芒加莱村遭遇洪灾（2020年）

161

第二十三章　地球工程学

用空间反射镜遮挡阳光

人类印记 当人类世来临，我们要谈些什么

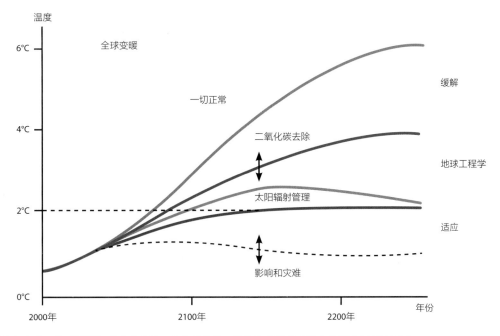

采用太阳地质工程"调低"温度过冲量，也就是约翰·谢泼德所谓的"餐巾纸图表"（2010年）

层气溶胶注射、反射气球或者刺激云凝结来遮挡太阳光。地球上开始上演科幻片。与改变全球变暖规模和影响的其他措施相比，这些措施可能代价高昂；但是与全球变暖的危害相比，这些措施就显得很划算了。此外，这些措施可能比其他措施奏效更快。然而，这些措施也会带来很多危机和问题。大规模"改造"地球意味着涉足新领域，会带来极端风险，使计划失败，对人类和环境造成巨大的副作用。

美国环境研究者霍莉·简·巴克在自己的著作《工程学之后》中强调了超越"以数学途径或情境（背后是人们摒弃未来可能性的传统在起作用）描述的气候未来……"的价值。巴

克自身的策略是，将虚构参数引入数学和理论中，"使未来不再那么空虚，而是充满具体的生命和情绪"。另一个颇具影响力的著作类型是自传，即探索真实生命体验和生命历史。罗伯特·麦克法伦的《地下世界：深入时间的旅途》即为绝佳典范。还有一种手段，即真正的人类世小说。例如，马克斯·弗里施的《全新世的人类》可能开启了一个"新的篇章"，强调了认为海平面在"这样的日子"里还会"一直保持不变"的观点的谬误之处。

视觉艺术也至关重要，能通过各种媒介调动公众的情感。其中一件引人注目的环境作品是由居住在哥本哈根的艺术家奥拉维尔·埃利

亚松和地质学家米尼克·罗辛合作的《冰钟》。该作品于2015年先后在哥本哈根和巴黎先贤祠广场展出。这一艺术品是由几块取自格陵兰岛的厚冰块制作而成的。埃利亚松因创作引人入胜的环境题材艺术品著称（包括2003年在伦敦泰特现代美术馆展出的《天气计划》），而罗辛得到全世界的认可，是因为他对格陵兰岛海床中的光合作用进行了开创性研究，将生命历史向前推进了两亿年。显然，他们二人作品中的一个要点是探索人类、环境数据和情绪之间的关系——事实上，见证冰川融化者也的确受到了触动。所有这些艺术类型、文本、概念和视觉信息，无疑会在约束和理解我们的时代、想象我们的未来的行动中起到重要作用。

人们通常认为，"人类世"是个高度以人类为中心的构想，人类偏见、工程学理念和寻求掌控的激情使这一构想变得声名狼藉。在现代（或后现代），人类世的回归是一项具有讽刺意味的"概念壮举"，使人类重新回归历史上的掌控地位。而在最近，人类因对科学和进步丧失信念而脱离掌控。毕竟，宣扬集体的或者分散的、超出人类的能力已是大势所趋：强调人类世不是人类单独行动的结果，而是通过由生物、技术、文化、有机体和地质实体结成的各种网络形成的。其中，人类是重要的原动力，通常十分清楚自身的所作所为。

"人类世"这一说法存在的一个概念性问题是，环境危机的观察者以及他们接触的语言，必然处于他们所观察的世界里。例如，在何种程度上，我们如今使用的隐喻（包括临界点和机会窗口）算是可靠、有效和清白的语言呢？在人类世，这个问题尤其重大。如果我们和地壳板块一样跟地球结合在一起，如果我们的双手和身体完全变成化石，与塑料和鸡骨一起埋葬在地层中，那么我们该如何有效处理当前的危机？地理和文化在人类世混合，对自由、客观和职责意味着什么？

人类世不仅意味着自然与社会混合、地球与人类混合，也表明人类在意识与责任层面彻底改变了观点和行动。引用德国哲学家汉娜·阿伦特的话说，就是"创建了新的人类条件"。阿伦特在其颇具影响力的《人的条件》一书中描述了第二次世界大战后的社会发展，包括人类与自然的疏离及政治、科学和自由不断变化的特性。有人可能想问，在人类世，人类条件在多大程度上发生了改变？在通常情况下，只有在呈现事实后，也就是新时代或新现象出现数十年甚至数百年之后，人们才能充分理解重大变化。在这种情况下，人类不能依靠"后见之明"。创造性的虚构之物和视觉艺术必不可少，它们能与人文社会科学一道阐明人类的生活、环境和发展前景。

奥拉维尔·埃利亚松和米尼克·罗辛创作的《冰钟》在巴黎先贤祠广场展出（2005年）

第二十三章　地球工程学

第二十四章

碳封存和争取时间

2009年春，雄心勃勃的冰岛深层钻探计划突然宣布停止。该计划的目的是在克拉夫拉火山深处寻找地热能。当钻探深度达到2066米时，机器再也钻不动了。钻探结果表明，钻头意外接触到了地表与包围地核的地幔之间的岩浆和半岩浆混合物。钻头已经进入岩浆池——尽管全世界的地热钻探计划数以千计，但这种现象极为罕见。通过用泵输送冷水至钻井中，钻探计划重启了一段时间，但钻井最终由于阀门故障被关闭。

想起人类历史上重大岩浆喷发（火山）造成的威胁，在克拉夫拉火山开展钻探计划的某些专家和技工无疑想知道，钻入岩浆中是否会带来灾难。钻入岩浆中是否已经侵犯了"无生命的"地质内部和活生生的地表之间长期存在的屏障？抓住"接触"岩浆的绝佳机会——赶在某些岩浆流中的岩浆冷却、丧失短暂的岩浆属性之前进行研究，是否会打开"潘多拉魔

盒"，是否会扰乱重力、扭曲时间，甚至意味着时间的终止？

实际上，当今世界各地的一些钻探计划正在通过将二氧化碳埋入地壳中争取时间。此类计划是现代工程学的重大创新案例，呈现出多种形式，依赖不同的技术和化学手段。其中一项早期地下工程位于挪威斯塔万格西部的斯雷普尼尔气田。1996—2014年，该计划每年捕获100万吨二氧化碳，并通过物理封存手段，将二氧化碳封在海底以下700多米的可渗透砂岩中。在这样一个地方，由于活动性低、缺乏矿化作用（最安全的储存机制）所需的化学成分，矿物封存预计要花上几千年。物理封存需要大量空间，也许还不安全，这明显是一个重大缺点。

其他计划通过注射快速实现了安全矿化。

深层钻探计划场址所在地

第二十四章　碳封存和争取时间

这一领域的先驱是于2006年启动的CarbFix计划。该计划由欧盟和美国能源部资助，场址设在冰岛西南部。经过几年筹备，该计划与冰岛地热能计划（在赫利舍迪地热发电站）建立了众多外交、学术协作与合作。2012年1月，一项试点碳注射项目开始实施。在一口注射井中，二氧化碳以小气泡的形式被注入向下流动的水中，气泡在水中溶解。含有二氧化碳的水加速了500~800米深处基层岩石的矿物释放，在两年内形成坚固的碳化矿物，注射的二氧化碳95%以上被矿化。在CarbFix计划首次注射二氧化碳后的两年里，继续在更热更深的储集层中大规模注射，超过一半的碳在数月内就完成了矿化。

人们先前预测，矿化需花费数年、数十年甚至数百年时间，如今能在短时间内取得这些成果，可以说是相当了不起了。正如CarbFix计划的两位主要设计师西于聚尔·吉斯拉松和埃里克·H.奥尔克斯所述："二氧化碳一旦以矿物的形式封存，就会随地质年代长久固定。"在开始阶段，CarbFix计划向可渗透的基层岩石中注入175吨纯二氧化碳，接着又将赫利舍迪地热发电站的73吨二氧化碳和其他气体混合物注入其中。在第二阶段，CarbFix2计划利用100多口深度不一（最深可达3300米）的地热井，为利用追踪器、同位素仔细监控注入地下的液体和矿化过程提供了便利。在早期阶段，CarbFix计划引发了地震活动，与世界上有些地

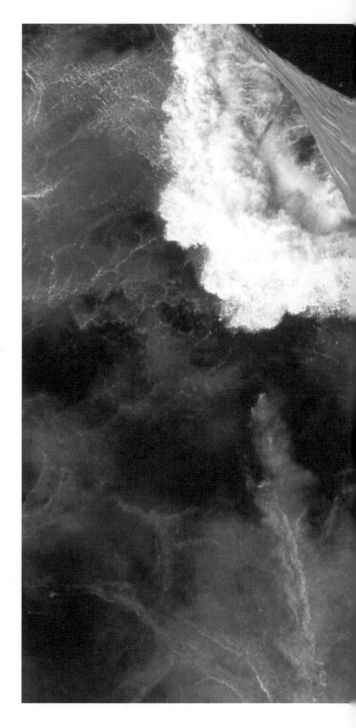

挪威斯塔万格西部斯雷普尼尔气田的碳封存计划场址

第二十四章　碳封存和争取时间

方的水力压裂极为相似。起初，发生了两次震级为4.0的地震，但很快，地震影响就被降到最低水平（2018年，仅发生过一次震级为2.0的地震）。2013年启动的美国华盛顿州瓦卢拉大天空碳截存伙伴项目与CarbFix计划如出一辙。

大多数碳捕集计划处于试验阶段，需要在成本、碳足迹、技术、资源、政治考量和人类技能方面做出权衡。然而，也有一些计划接近发展成工业规模。虽然二氧化碳与空气混合相当快，流动迅速，在全球浓度均衡，但是经证明，在靠近工业厂房和发电站等点源处实行碳捕集最有效。一些仍处于早期开发阶段的计划试图直接从大气中捕集碳，采用跟空调运行机理类似的方式，将大气输送至过滤网，有选择

性地消除二氧化碳。其中的两个例子是Carb-Fix2计划，以及加拿大不列颠哥伦比亚省的固体碳计划。甚至有探索性计划试图结合技术，直接从大气中捕集二氧化碳，在海底玄武岩层对二氧化碳实行近海隔离，从而实现碳矿化。

所有这些计划都是人类世项目，从某种意义上来说，人类再次试图通过钻探和泵送，对地球产生持久影响，重塑地下世界，帮助地球延长生命。它们都试图通过在地球到达预期"临界点"之前降低化石燃料的影响以争取时间，实现在极短的时间内矿化二氧化碳。最终在地层中形成的"金钉子"，将在地壳中（也许还在生物圈中）存在上千年。碳继续在碳循环中开展漫长而又曲折的旅行，有时成为生命的

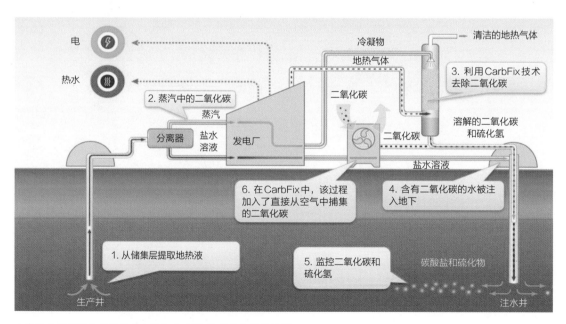

冰岛西南部赫利舍迪地热发电站和CarbFix技术结合的原理图

注射现场的石核显示玄武岩母岩中带有二氧化碳的碳酸盐矿物

关键要素，有时又会成为致命威胁。

在未来几年甚至几十年，这类计划有可能成倍扩张，主要是因为随着碳配额下降、碳价上涨、气温持续上升，安全捕集和存储二氧化碳势在必行。要想实现将全球气温升幅控制在1.5摄氏度以下的目标，需要存储1900亿吨碳。相比之下，在当前速率下捕集的二氧化碳量就显得微不足道了。然而，此类计划明显为人类世发展提供了一条重要途径。但这些计划不会处处适用，因为它们成本高昂，受到大量地域因素的限制，包括特定的岩层和充足的水源。

从长远角度来看，假设全人类能够实现最低排放或零排放目标，那么碳捕集和存储的重要性可能会降低。另外，化石燃料的某些用途未来可能会长久延续下去，而捕集碳——无论采用哪种方法，都可能仍然至关重要。

位于冰岛西南部的 CarbFix 计划
场址和赫利舍迪地热发电站

第二十五章

反　抗

环保主义旨在实现未来可持续发展，部分起源于19世纪北美作家的作品，这些作家包括拉尔夫·瓦尔多·爱默生、艾米莉·迪金森和亨利·戴维·梭罗。梭罗的《瓦尔登湖》讲述了自己在美国马萨诸塞州康科德镇瓦尔登湖的生活，强调了人类对大自然的体验和人类保护荒野的责任。该书至今仍然是史上影响力最大的环境论著之一。正如梭罗的一位传记作家所说的那样："化石燃料将全球经济体推入超光速引擎——人类世中，穿过瓦尔登湖的火车汽笛声敲响旧世界的丧钟，也预示着新事物的诞生……"梭罗在丛林中居住，不仅是为了独自写作，还是在声援公众抗议，类似于环保主义者非暴力反抗的呼吁行动。在环保主义者看来，瓦尔登湖及其周围的丛林这个小天地就是地球的真实写照。

环境政党和环境运动在很多情境下具有共同点。但是，一项国际运动——"反抗灭绝"（简称XR）引起了新的共鸣。这项运动主要由年轻人推动，他们知道自己会承袭人类世的问题，因此决定通过有组织的非暴力抗议来推动彻底变革。该运动由英国活动家盖尔·布拉德布鲁克和罗杰·哈勒姆在2018年发起，他们制定了大规模非暴力反抗战略，聚焦气候灾难和正在消失的物种。他们在自己的网站和手册《这不是演习：反抗灭绝运动手册》上记录了活动和宣言。在过去的几年时间里，他们高举"反抗灭绝"的旗帜，在很多城市中抗议。他们往往要求政府部门立即采取行动解决气候问题，通常还带上"世上再无第二个地球！"这样的标语。

"反抗灭绝"运动涉及世界各地无数城镇中有组织的核心小组，它们通过互联网和社交媒体保持联系，旨在迅速采取行动和高效组织。在英国剑桥创建一个强大的"反抗灭绝"核心小组再适合不过了。剑桥是动物学家阿尔弗雷德·牛顿工作的地方，他在19世纪首创了物种灭绝研究。"反抗灭绝"核心小组的核心成员

伦敦国会广场的"反抗灭绝"示威游行（2019年）

伦敦国会广场的"反抗灭绝"示威游行（2019年）

包括来自各行各业的年轻人，他们对公众否认和政府无能感到愤慨，对自身未来前景深感担忧。他们设置议程，组织群众参与示威游行，要求彻底改革。他们当中很少有人曾参加过任何类型的政治活动，但如今，他们突然痴迷其中，大规模聚集，组织活动宣传"反抗灭绝"运动。他们表现出的激进主义势头出乎意料，有人形容自己像是被闪电击中一般。参与集会的一些年长者眼含泪水，为自己子孙后代的未来感到担忧。2019年秋，剑桥团队参与了伦敦的一系列活动，与来自英格兰、苏格兰和威尔士的数十万人一起，要求英国政府公开承认气候紧急情况。

在人类世，针对环境问题的民主参与和审辨式思维似乎显得尤为重要，甚至在年幼者当中也不例外。包括柏林、伯明翰、西雅图和东京在内的很多城市一直在试图培养儿童的公民参与感，为他们在幼儿园和小学创造安全空间，让他们在其中设计建筑风格和社会生活。在这个过程中，儿童受到鼓舞，创建自己的模拟商店、角色和机构，为开展有意义的政治活动、主动参与和创建更美好的未来做准备。日本幼儿园建筑师手冢贵晴和妻子手冢由比因极具开创性的视角和建筑而在其中起到了重要作用。他们鼓励学生以学徒的身份协作，设计自身的学习环境。

伦敦特拉法加广场的"反抗灭绝"示威游行（2019年）

手冢贵晴和妻子手冢由比设计的一家东京幼儿园

家务管理式的地缘政治

"家务管理"一词诞生于16世纪，表示维持家庭的活动，非常宽泛地强调维持生计的必要性，无论从环境角度还是从财务角度而言。一些与"家"的概念相关的词使人们意识到维持经济和生态系统的重要性，如源自古希腊的"家庭"的概念——古希腊的家庭构成了城邦，即城市和国家的治理单位。很多非西方国家也有类似的概念，如中国关于"家""国"和"天下"的说法。

在古代，"政治"是个相当宽泛的概念，同时包含小规模和大规模现象（家庭和国家）、自然和社会领域（土地和土地资源、家庭成员和国家公民）。遗憾的是，在现代环境学语言中，"家庭"的概念往往是与社会生活区分开的。因此，曾帮助发展人类生态学的安德烈娅·霍林斯黑德在20世纪40年代这样描述"生态和社会秩序"："生态秩序主要是自然中随处可见的秩序的延伸，而社会秩序完全……明显是人为现象。"

因此，"地缘政治"这个词通常严格限制在地区或国际政治方面——与地理区域和大陆有关的权力和治理。如今，考虑到包罗万象的人类世，扩大地缘政治学范围似乎相当有必要。地缘政治不仅包括人类，还包括地球本身。这样一种介入政治的方法，需要我们以最宽泛的视角来看待地球，包括火山、河流、矿物、冰川等，还包括呈现在地球表面的社会生活。正如我们所见，活火山本身相当活跃，有时候是人类活动造成的。很明显，在人类世，地质活动、火山喷发和地震都是新型地缘政治事件。

鉴于持续存在的环境变化的性质和规模，回归家务管理传统理念，并延展其理念边界的做法似乎是切合实际的。用美国古生物学家亨利·费尔菲尔德·奥斯本《饱受掠夺的地球》（1948年）中（带有性别偏向）的话来说："如今的地球是男人的天下了。"如今，这一陈述要比奥斯本所在的时代更加切题。强调集体责任

1972年12月7日拍摄的地球照片《蓝色弹珠》

和管理职责（如果还算不上"所有权"的话）的政治，需要取代最近几十年人类对地球及其资源的分割，激活私有化和商业化的引擎，后者已经促使房屋开启"着火"模式。若没有集体关注和行动，房屋会永久处于警戒状态。值得注意的是最近一项有影响力的人类世宣言——受学校罢课和"反抗灭绝"运动启发的作品，取名为《我们的房子着火了：一个家庭和一个星球陷入危机的场景》。在全球环境和政府议程中，地球和房子息息相关。

毫无疑问，全球家务管理的新观点部分是由太空视角引发的，尤其是航天员于1972年12月7日在前往月球的途中拍摄的地球照片《蓝色弹珠》（美国国家航空航天局档案编号AS17-148-22727）。然而，更重要的是，与过热、反常天气、洪水和风暴性大火相关的环境风险已经推动了以上观点的转变。地缘政治学中的此类变化会造成哪些影响？

如今，新形势下的地缘政治正在人类世的多个领域具体化。这是一项艰巨的任务，尤其

一艘油轮，远处有一个钻井平台

是考虑到新形势、地球的规模、不同的利益（北方国家和南方国家，以及各种社会分工）、时间压力、大气中令人惊恐的二氧化碳水平、虚假新闻的负面影响，以及在关键议题上寻求全球协议的复杂性。虽然人类掌握的有关自然世界和行动轨迹预测的知识已经得到极大扩展，但是在面对巨大的任务时，人类仍然会感到无助。显然，人类亟须开展广泛协作，不仅不同的学科之间需要协作，艺术也要协作，而且是要在不同的层面（地理、政治和环境）开展协作。

"团结"这个概念在社会思想和政治方面有着悠久的历史，我们是时候将它列入议程了。奥地利政治科学家芭芭拉·普林萨克概述了团结的定义及其日益凸显的重要性：团结意味着否定纯私人的或以自我为中心的利益的公有社会精神，以促进必要的集体行动，维护地球生命。团结在人类世具有绝对重要的地缘政治意义。从词源学上讲，"团结"（solidarity）这个概念源于罗马法中的"连带责任"（solidum，指的是共同契约）。"固体"（solid）——如在"固体岩石"（solidrock）这个词中——与"团结"有着相同的词源，它们均源自solidus，意思是稳固、整体、完整、全部。有意思的是，最近由建筑师阿敏·塔哈、石匠皮埃尔·比多和工程师史蒂夫·韦伯引领的一个建筑学趋势被描述为"新石器时代"，其特点是重新引进当今被人遗忘的建筑材料——石头，以降低建筑成本，避免使用钢筋混凝土，从而使碳足迹最小化。

的确，要想重新思考地缘政治，房屋和家庭是个不错的起点。将视野延伸开来，笔名为J. K. 吉布森·格雷厄姆的学者称，人类世需要的是新关怀伦理，像关怀家庭或房屋那样关怀全世界。有人问道：我们的团结范围能超越人类扩展到其他生命形式和一般生命吗？如果能的话，那么无疑一种新的归属形式将自此诞生。

按照定义，人类世团结涉及地球和生命本身。创造适于人类居住的未来关乎地球上的各种关系。其中，人类活动必须被视为全球环境变化的一个关键"驱动因素"。人类足迹对地球的影响已经开始匹敌（其他）地质力量对地球的影响。公元前5世纪，希罗多德在《历史》一书中写道："在人类所有悲惨遭遇中，最令人心酸的是，知之甚多却无力采取行动。"这一说法在当今同样意义深远。采取一致行动至关重要。《经济学人》2011年带有"欢迎来到地质学的新纪元——人类世"标语的封面再次映入脑海。这是新标度下现代家务管理的困境。如今，在重压之下，人们受到团结、平等和福祉这些概念的启发，正在为地缘政治学议程制定具体提案，包括娜欧米·克莱因、安·佩蒂福在内的来自美国、加拿大、英国等地的人提出的"绿色新政"，强调对金融和经济进行结构性改革。

就当前地缘政治而言，要想评价地球的状态和环境的紧急情况，对有关"临界点"（没有退路的点）的研究至关重要。更重要的是，要确定避免冰川融化、海平面上升和极端天气所需的二氧化碳减排水平，以及采取地缘政治行动的适当方法。2019年发表在《自然》杂志上的一篇评论显示，科学界得出的结论是明确的。虽然学者曾经认为，抵达"临界点"（例如亚马孙热带雨林消失）的概率很低，可如今，越来越多的证据表明，此类事件"发生概率比之前想象的要高，具有重大影响，在不同的生物物理系统间相互关联，可能会给世界带来不可逆的长期变化"。20年前，政府间气候变化专门委员会称，只有全球变暖温度升幅超过工业革命前水平5摄氏度以上，气候系统才可能出现"大规模不连续面"。然而，最近的政府间气候变化专门委员会特别报告（2018年和2019年发布）表明，即使全球气温升幅为1~2摄氏度，也会超过"临界点"。

考虑到受人类支配的机会窗口极为有限，这个结论令人担忧。你可以将全球家庭——地球系统（生态学术语）视为海洋中的一艘超级油轮，也许是一艘载有危险品的油轮。出于对变暖的地球的尊重，你得拼命将其切换到安全航道。考虑到油轮巨大的冲力，它还来得及转向或停止吗？

《自然》杂志评论的作者之一、斯德哥尔摩大学斯德哥尔摩应变中心全球可持续性分析师欧文·加夫尼发表了自己的观点："我认为，人们没有意识到时间的紧迫性……未来10年到20年，气温就会增长1.5摄氏度，我们只剩下30年时间脱碳，情况明显十分紧急。"

美国国家航空航天局的卫星拍摄的冰川

第二十六章　家务管理式的地缘政治

"反抗灭绝"运动在泰晤士河中展出的抗议艺术品《下沉的房屋》（2019年11月17日）

遗憾的是，2019年在马德里举行的联合国气候变化大会结果不容乐观，最终陷入地缘政治僵局。人类如何才能在抵达或者超过"临界点"之前，完成切换油轮航道这一巨大而又重要的任务，包括改变公众话语、学术界和地球本身的方向？在这种情境下，什么才是良好治理？怎么才能将公众和私人利益、材料和有机体、当地和全球、政府和国际舞台相匹配？此类问题——其中一些问题是人类有史以来面对的最紧迫问题——有可能继续成为重大隐患。需要创建新型治理模式来处理这些危机，使不同治理水平下的各种行为体和专门机构结盟，才能应对复杂性和不确定性。

地球地缘政治集会（如果能想象得到的话）包括地球、世界各个人群的代表和不同形状和大小的有机体。群众抗议和罢工可能会随时爆发，就像离巢的蜂群，超越所有界限。正如我们在联合国气候变化大会上所看到的那样，事件很难理解或管控，但是人类、其他生物和地球必须忍受和适应这个世界。人是我们所描述和与之搏斗的自然的一部分，我们在空间和时间上联系在一起，就像是能探测地震和预测火山喷发的地震仪一样，与地球一直联系在一起，随着地球的运动起舞。

在澳大利亚维多利亚州西南部一所遭到丛林大火毁坏的房屋外，一名男子正在抚慰自己的爱犬（2019年）

第二十六章　家务管理式的地缘政治

第二十七章

浓烟滚滚的地球

老彼得·勃鲁盖尔于1562年前后绘制的油画《死亡的胜利》是艺术史上最令人恐惧的作品之一。它反映了人类的生存威胁，不断迫近的瘟疫导致的死亡率接近100%。勃鲁盖尔的画中四处散布着骷髅、极度痛苦的尸体、作战的军队、公众集会和刑具。土地干燥，烈火四处燃烧。左上角的丧钟预示着世界末日的到来。丧钟右边，一位吟游诗人和一位歌手相互取悦，但两人都未注意周围恐怖的现实。似乎社会秩序正在崩塌。人们不禁要将勃鲁盖尔笔下的世界视为当前人类世的象征，周围充满恐慌，未来令人沮丧。就像苏联文学学者米哈伊尔·巴赫京所说的那样，对危机的恐惧是被"宇宙恐慌"主宰的古代神话的一部分："对不可估量的、极其强大的事物的恐惧。"人们忍不住会想起本书开头提到的"欢迎来到地质学的新纪元——人类世"那幅图。无论如何，我们的地球都在冒着滚滚浓烟。

和"宇宙恐慌"达成妥协似乎相当重要，

人类世比人类历史上任何其他事物都更加强大——当然比牵涉单个物种的瘟疫更加强大。巴赫京认为，在中世纪，人们通常会微笑着面对恐慌——这不可能是当今的最佳策略，尽管这样可能有助于减轻压力。提出地球历史已经进入一个新时代（人类世）的假设是一个良好的开端。下一步是要确定危机的性质和规模，以便敲响警钟、继续前行。

重要的是要记住，我们在追溯历史时，数据集（基于历史记录、冰芯和树轮）越来越难以跟最近的数据相比较。因此，任何向未来外推的做法都充满不确定性。然而，当前可用证据具有很强的提示性，不慎重对待的话，会给地球上的生命带来极端风险。为了处理其中的风险和不确定性，同时也为了确定相关行动路线，需要各种科学、艺术和专门机构参与进来。对当前环境辩论中的中心概念进行审视至关重要，否则，我们就无法得知自己是否处于"正确"的轨道上。我们永远无法完全脱离语言的隐喻陷阱，但是总有一些语言要好于其他语言。

"赢家通吃"政策会压制少数群体和边缘群体的意见，无论对环境科学而言还是对政治而言，该政策都明显不具有建设性。科学的历史表明，只有坦诚地为关键辩论腾出空间，科学知识才会进步。否则，人们还会认为地球是平的，天上的一切事物都围绕地球转。另外，抛弃科学界经过全面调查和集中讨论达成的共识也是有风险的。公众必须信任学术界的判断和学术界创建地球"真理"的程序，它们无论存在多少瑕疵，都不受碳行业、上层社会、宗教正统、父权制和白人至上等各方既定利益的束缚。

科学家最近承认存在过失，因为他们倾向于"低估威胁的严重性和威胁出现的速度"，其中一个原因是"感知到需要达成共识"。为了寻求中间立场和维护和平，与气候否认者和批评者达成妥协会给地球上的生命带来极端风险。当前环境危机规模之大，急需足够稳健灵活的

老彼得·勃鲁盖尔于1562年前后绘制的油画《死亡的胜利》

新型社会体系和协作，在学科、利益群体、国家政府与国际组织之间建立必要的信任和合作。

有关气候变化的历史案例研究，可能跟温室气体和全球温度大规模数据集一样具有启迪作用。有意思的是，最有启发性的一项案例研究不是关于变暖的，而是关于变冷——所谓的"小冰期"（这个术语多少有些误导性）——以及人类的应对措施的。13世纪，北半球的一些地方开始变冷，其原因包括火山喷发和太阳辐射略微降低。直到19世纪出现持续变暖，气温才开始回升。有些国家未做准备，遭受了损失（如果算不上崩溃的话），其他一些国家却能妥善适应，渡过难关。因此，有复原力的荷兰社会，饮食种类丰富，有商业舰队和城市慈善机构，足够灵活，可以改造自身，从而造就了16世纪和17世纪的繁荣，也就是所谓的荷兰"黄金时代"。

环境史学家达格奥马尔·迪格鲁特称，此类案例敦促我们"怀着开放的心态迈向未来……实施激进政策……不是仅仅保存人类已有的事物，而是承诺为子孙后代创造一个更加美好的世界"。迪格鲁特的乐观主义精神在亨德里克·阿弗坎普的画作《冬季场面与溜冰者》（约1608年）中得到了突出体现。该画作展示了一个荷兰社区的居民在冰上跳舞的场景，尽管天气寒冷给出行造成了不便，但人们仍然在街上嬉戏玩乐。这个场景跟半个世纪前勃鲁盖尔《死亡的胜利》中令人沮丧的场景形成了多么鲜明的对比！

人类世生命的决定性政治挑战是，如何避免彻头彻尾的灾难，期待最好的结果。从全球和地质双重意义来看，未来新的地缘政治需要深入了解濒危生命和环境，以及可能出现的

团结形式，仔细规划优先事项和行动方式。当
然，还需要无穷的乐观主义、玩乐心态和外交
手腕。

亨德里克·阿弗坎普的画作《冬季场面与溜冰者》（约
1608 年）

大事年表

公元前 20 万年
人类开始使用火

公元前 9500 年
人类开始种植第一批主要农作物

公元前 6300 年
出现短期全球变冷

公元前 2250 年
全球出现大规模干旱

1492 年
哥伦布发现新大陆

1500 年
种植园奴隶时代开始

1712 年
英国制造出第一台蒸汽机

1778 年
布丰的《各个自然时代》出版

1800 年
工业革命开始

19 世纪 20 年代
让·巴普蒂斯·约瑟夫·傅立叶假设太阳对地球
大气的影响，预言了温室效应

1958 年
达尔文和华莱士提出进化论

19 世纪 60 年代
"灭绝"一词诞生

1865 年
水力压裂出现

1896 年
斯万特·阿伦尼乌斯描述了温室效应，并预测了
二氧化碳含量上升和全球变暖

1900 年
人类发明了塑料

1913 年
查尔斯·法布里和亨利·比松一同发现了臭氧层

1936 年
阿兰·图灵确立了计算机科学

1938 年
盖·斯图尔特·卡伦达尔证明了地球上二氧化碳
含量在上升

1945 年
人类第一颗原子弹在新墨西哥州爆炸

1952 年
罗莎琳·富兰克林拍摄了 DNA 照片

1954年
早期太阳能电池板开始生产

1962年
蕾切尔·卡森的《寂静的春天》一书出版

1967年
真锅淑郎和理查德·韦瑟尔德创建了第一个计算机模型来模拟地球气候

1969年
人类登陆月球

1971年
《拉姆萨尔公约》签订

1972年
航天员拍摄了关于地球的照片《蓝色弹珠》

1979年
"阿波罗11号"登陆月球

20世纪80年代
英裔美国人新自由主义出现

1981年
詹姆斯·汉森和同事证实了人类造成的全球变暖

1986年
切尔诺贝利核电站事故发生

1988年
政府间气候变化专门委员会成立

1992年
第一届地球峰会在巴西里约热内卢举行

1997年
美国海军上校查尔斯·摩尔在太平洋发现了"塑料汤"

2000年
"人类世"一词被提出

2006年
在夏威夷卡米洛海滩上发现了由塑料和自然沉积物融合而成的胶砾岩

2016年
"假新闻"一词诞生

2018年
"反抗灭绝"运动开始

2019年
联合国发布了一份关于物种灭绝的报告——《100万种物种受到威胁？》

2019年
澳大利亚出现毁灭性丛林大火，温度创历史新高；冰岛和瑞士为消亡的冰川举行葬礼

2020年
新冠肺炎疫情使航空运输和碳排放大量减少；在笔者写作之际，仍不清楚这些影响是否会持续下去

致谢

谨以此书献给我的孙子Gísli Þór、Jón Bjarni、外孙女Saga Rós和外孙Úlfur Bergmann。

感谢冰岛研究中心（Rannís）和冰岛大学科研基金在过去大约二十年里资助我对人类世及相关议题的研究。研究期间，在奥斯陆高级研究中心和剑桥大学、哥本哈根大学人类学系的短暂交流经历使我获益良多。我要感谢很多人，包括朋友、同事、合作者、译者、导师及其他重要人物，他们让我关注到重要资料来源，激发了振奋人心的讨论，最终形成了本书的观点。这些都直接或间接地帮助我整合和写作文本。尤其要感谢如下人员（完整名单太长，恕不能一一列举）：Sarah Abel, Dominic Boyer, Nancy Marie Brown, Finnur Ulf Dellsén, Kathrina Downs-Rose, Paul Durrenberger, Níels Einarsson, Sigurður Rcynir Gíslason, Stephen Gudeman, Guðný S. Guðbjörnsdóttir, Sigurður Örn Guðbjörnsson, Ari Trausti Guðmundsson, Kirsten Hastrup, Ilana Halperin, Shé Hawke, Karen Holmberg, Edward H. Huijbens, Jón Haukur Ingimundarson, Tim Ingold, Valdimar Leifsson, Marianne Elisabeth Lien, Örn D. Jónsson, Bonny McCay, Sarah Keene Meltzoff, Astrid Ogilvie, Andri Snær Magnason, Barbara Prainsack, Elspeth Probyn, Hugh Raffles, Heather Anne Swanson, Cymene Howe, Bronislaw Szerszynski, Sverker Sörlin, Thom van Dooren, Hendrik Wagenaar 和 Anna Yates。最后，我还要感谢Welbeck出版社和出版社工作人员，特别是负责本书出版事宜的Isabel Wilkinson女士，他们在组织本书结构、负责制作过程中提供的鼓励和指导尤其宝贵。

版权贸易合同登记号　图字：01-2024-5855

图书在版编目（CIP）数据

人类印记 ／（冰）吉斯利·帕尔森著；向帮友译. 北京：电子工业出版社，2025. 1. -- ISBN 978-7-121 -49424-6

Ⅰ. X171.1-49

中国国家版本馆CIP数据核字第202536G4K8号

审图号：GS（2024）5274号
书中地图系原文插附地图

责任编辑：张　冉　　文字编辑：刘　晓
特约编辑：胡昭滔
印　　刷：北京启航东方印刷有限公司
装　　订：北京启航东方印刷有限公司
出版发行：电子工业出版社
　　　　　北京市海淀区万寿路173信箱　邮编：100036
开　　本：787×1092　1/16　印张：12.5　字数：280千字
版　　次：2025年1月第1版
印　　次：2025年1月第1次印刷
定　　价：96.00元

凡所购买电子工业出版社图书有缺损问题，请向购买书店调换。若书店售缺，请与本社发行部联系，联系及邮购电话：（010）88254888，88258888。

质量投诉请发邮件至zlts@phei.com.cn，盗版侵权举报请发邮件至dbqq@phei.com.cn。

本书咨询联系方式：（010）88254439，zhangran@phei.com.cn，微信号：yingxianglibook。